国家精品课程土木工程抗震与防灾丛书

地震、风、火灾害调查与简析

叶继红　主编
张志强　王　浩　潘金龙　编

中国建筑工业出版社

图书在版编目（CIP）数据

地震、风、火灾害调查与简析/叶继红主编．—北京：中国建筑工业出版社，2016.5
（国家精品课程土木工程抗震与防灾丛书）
ISBN 978-7-112-19418-6

Ⅰ.①地… Ⅱ.①叶… Ⅲ.①土木工程-防震设计②土木工程-防灾-结构设计 Ⅳ.①TU352.04

中国版本图书馆 CIP 数据核字（2016）第 094789 号

本书系统介绍了典型地震、风、火三种灾害下土木工程结构的破坏实例，并运用专业知识进行系统归纳与深入浅出的分析。

本书可作为土木工程高校防灾减灾课程教材，也可供结构工程师学习参考。

责任编辑：刘瑞霞　刘婷婷
责任校对：李美娜　李欣慰

国家精品课程土木工程抗震与防灾丛书
地震、风、火灾害调查与简析
叶继红　主编
张志强　王　浩　潘金龙　编

*

中国建筑工业出版社出版、发行（北京西郊百万庄）
各地新华书店、建筑书店经销
霸州市顺浩图文科技发展有限公司制版
北京市安泰印刷厂印刷

*

开本：787×1092 毫米　1/16　印张：11　字数：266 千字
2016 年 9 月第一版　　2016 年 9 月第一次印刷
定价：**32.00** 元
ISBN 978-7-112-19418-6
（28664）

前　　言

东南大学开设的“工程结构抗震与防灾”课程于2007年获得国家精品课程称号，2013年入选教育部国家精品资源共享建设课程。课程组教师均为土木工程防灾减灾一线科研人员。通过课程团队多年教学的经验积累和科研底蕴，形成了理论与实践、原理与经验、科学研究与工程实用相结合的教学方法与手段。“工程结构抗震与防灾”课程涉及地震、风灾和火灾。课程性质和内容直接关乎国家安全、社会稳定和经济发展；对学生的工程素养和工程能力的培养意义重大；而且在帮助学生建立社会责任感、历史使命感方面具有不可替代的作用。

本教材是围绕“工程结构抗震与防灾”课程主教材而编写的系列辅助教材之一。本科生对建筑或桥梁结构在地震、风、火下的灾害了解甚少，而课堂学时有限，讲授的知识主要以基本理论和设计计算方法为基础，学生消化、吸收难度较大。本教材采用深入浅出的语言，对著名的地震、风、火造成的建筑或桥梁、隧道灾害进行介绍，增强学生的感性认识，也增强学生的社会责任感；进而，结合主教材知识，对典型案例进行破坏机理分析，有助于学生对本门课程知识点的理解、掌握。本教材也可作为结构工程师的参考用书。

叶继红

2016.03.16

目　录

第1章　地震活动和启示

地震是一种常见的自然现象，也是地壳运动的一种表现。由于地球不断运动和变化，逐渐积累了巨大的能量在地壳某些脆弱地带，造成岩石突然破裂，或者引起原有断层产生错动，这就是地震。绝大部分地震发生在地壳中。

地震是群灾之首，它具有突发性和不可预测性、频度较高并产生严重次生灾害等特点。破坏性地震会给国家经济建设和人民生命财产安全造成直接和间接的危害和损失，尤其是强烈地震会给人类带来巨大的灾难。目前，每年全世界由地震灾害造成的平均死亡人数达8000～10000人/次，平均经济损失每次达几十亿美元。据联合国统计，21世纪以来，全世界因地震死亡人数达260万，占全球自然灾害所造成的死亡总和的58％。

1.1　世界地震活动

全球每年发生地震约500万次，其中能感觉到的有5万多次，能造成破坏性的5级以上的地震约1000次；7级以上强震平均每年18次；8级以上大震每年发生1～2次。

根据全球构造板块学说，地壳被一些构造活动带分割为彼此相对运动的板块，板块当中有的块大，有的块小。大的板块有六个，它们是：太平洋板块、亚欧板块、非洲板块、美洲板块、印度洋板块和南极板块。全球大部分地震发生在大板块的边界上，一部分发生在板块内部的活动断裂上。经科学家研究，全球主要地震活动带有两个（见图1.1）：

环太平洋地震带　地震主要集中在太平洋周围巨大的太平洋板块与周围的大陆板块碰撞交接处。这里分布着大部分浅源大地震和中深源地震以及几乎全部深源地震。地震分布从太平洋最北部的阿留申群岛向东西两个方向伸展：西经堪察加、千岛群岛到日本，向南绕菲律宾海板块分成东西二支——西支经琉球群岛、台湾、菲律宾和苏拉威西，东支经小笠原群岛、马利亚纳到澳大利亚以北的新几内亚岛、新赫布里底，而后经新西兰与南太平洋相接；由阿留申群岛向东经阿拉斯加、加利福尼亚、墨西哥、加勒比海以东，再向南经秘鲁到智利。环太平洋带上浅源大地震的能量释放约占全球总释放能量的75％，中深源和深源地震约占90％，其中尤以日本、堪察加和南美的智利一带为最强。这里不仅集中着大量浅源地震，中深源和深源地震也很活跃。这两个地区释放的地震能量分别占全带地震能量的20％以上。整个环太平洋带上，中深源地震比较普遍，而深源地震只分布在新西兰、新赫布里底、新几内亚岛、巽他群岛、苏拉威西和棉兰、菲律宾一带，日本海到中国的吉林省也有深源地震分布。全球最深的地震深达700千米左右，只在萨摩亚群岛、巽他群岛、苏拉威西和棉兰记录到。

地中海-喜马拉雅地震带　又称欧亚地震带。这条地震带西起大西洋中的亚速尔群岛，东到印度尼西亚。这里分布着除环太平洋带以外的大部分浅源地震和其余全部的中深源地震。浅源地震释放的能量约占全球浅源地震总能量的 20%左右，中深源地震能量占 11%。自有近代地震仪器记录以来，这里仅观测到一次 5 级的深源地震，即 1954 年 3 月 29 日发生在西班牙南部，震源深度在 600km 以上。这一地震带上的中深源地震在某些地区分布比较集中，如缅甸弧、兴都库什、罗马尼亚的弗朗恰、爱琴海、意大利的西西里岛北部等地区；浅源地震分布在一个相当宽的地带内，常常在两个碰撞带的南北两侧，在宽达 1000 多千米范围内均有地震频繁发生，这和环太平洋带上的地震分布在一个狭窄地带上有着显著差别。在整个欧亚地震带内，地震活动最强的地方为帕米尔和阿萨姆地区，这里的地震不仅频度高，且强度大。1897 年和 1950 年分别在印度阿萨姆和中国察隅、墨脱一带发生 8.6 级世界罕见的特大地震。

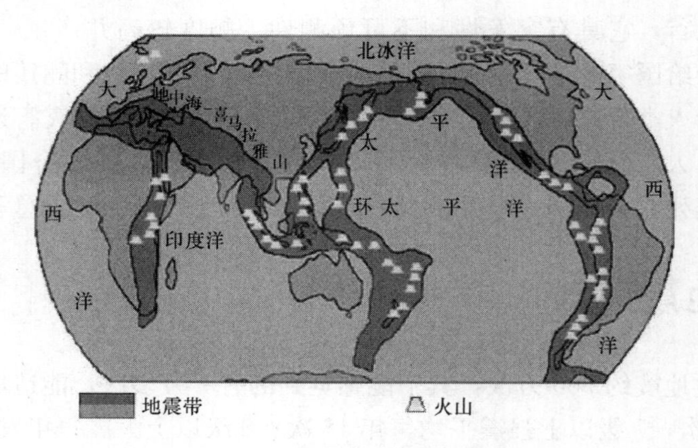

图 1.1　世界地震带分布

表 1.1 给出了 1900 年以来全球 7 级以上地震年均频率和 2008 年至目前的频率统计，可以看出目前全球地震活动出现一个明显增强的态势，特别是 8.5 级以上地震频发，说明地球有可能要进入地震活动活跃时代。

1900 年以来全球 7 级以上地震年均频率和 2008 年至目前的频率统计　　表 1.1

震级档	1900 年以来年均频次	2008 年	2009 年	2010 年	2011 年	2012 年	2013 年	2014 年
≥7.0	19.3±6.2	19	20	28	20	4	14	9
≥8.0	1.05 ± 1.15	1	1	1	1	2	2	2

1.2　中国地震活动

我国位于环太平洋地震带和欧亚地震带这两大世界地震带之间，受太平洋板块、印度洋板块和菲律宾海板块的挤压，地震断裂带十分发育。

中国地震活动频度高、强度大、震源浅、分布广，是一个震灾严重的国家。在 20 世纪里，全球共发生 3 次 8.6 级以上的强烈地震，其中两次发生在中国。全球发生两次导致 20 万人死亡的强烈地震也都发生在中国，一次是 1920 年宁夏海原地震，造成 23 万多人死亡；一次是 1976 年河北唐山地震，造成 24 万多人死亡。这两次地震死亡人数之多，在全世界也是绝无仅有的。

20 世纪以来，中国共发生 6 级以上地震近 800 次，遍布除贵州、浙江两省和香港、澳门特别行政区以外所有的省、自治区、直辖市。最新的《中国地震动参数区划图》全国抗震设防烈度 7 度及 7 度以上地区面积占 58%，8 度及以上地区面积占 18%。

1900 年以来，中国死于地震的人数达 60 万之多，占全球地震死亡人数的 53%。1949 年以来，100 多次破坏性地震袭击了 22 个省（自治区、直辖市），其中涉及东部地区 14 个省份，造成 27 万余人丧生，占全国各类灾害死亡人数的 54%，地震成灾面积达 30 多万平方公里，房屋倒塌达 700 万间。地震及其他自然灾害的严重性构成中国的基本国情之一。

我国地震活动主要分布在五个地区的 23 条地震带上（见图 1.2）。这五个地区是：①台湾省及其附近海域；②西南地区，主要是西藏、四川西部和云南中西部；③西北地区，主要在甘肃河西走廊、青海、宁夏、天山南北麓；④华北地区，主要在太行山两侧、汾渭河谷、阴山-燕山一带、山东中部和渤海湾；⑤东南沿海的广东、福建等地。

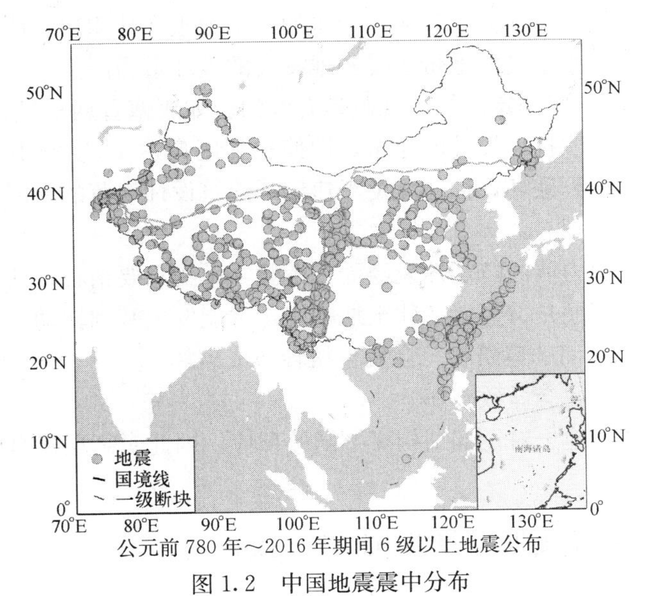

图 1.2 中国地震震中分布

1.3 历次地震结构破坏的特点

本节将简要介绍若干有代表性的大地震中房屋建筑的震害情况和经验教训，以便从中吸取正反两方面经验，改进我们的设计与施工。

1.3.1 1957 年墨西哥地震（Mexico）

地震发生于 1957 年 10 月 28 日，在墨西哥城的南部，7.6 级，震中烈度 8 度。

市内为湖相沉积和厚度达 1km 以上的冲积层（黏土与砂互层），地基卓越周期在 2.5s 左右，最大加速度估计是 $0.05g \sim 0.1g$。分山区、过渡区和湖泊区三个地带。地震时三个区的影响程度不同，其中高山区破坏较轻，湖泊区破坏严重，甚至有的建筑物发生倒塌。

地震时，该市55座8层以上的建筑中，11座钢筋混凝土框架遭到破坏。其特点是5层以上的建筑震害比较大，未与骨架紧密联系的填充墙、隔墙有明显裂缝。钢筋混凝土框架裂缝与相邻建筑物的碰撞有很大关系。按现代抗震设计建造的高层建筑震害比较小，这有力地证实了建筑物抗震设计的重要性。

在基础构造方面，作为打到坚硬地基上的钢筋混凝土桩，顶部有拉梁连接时几乎没有破坏，而其他木桩基础和混凝土基础等的建筑物破坏较严重。

1.3.2　1960年智利康塞普西翁阿劳科半岛地震（Chile）

1960年5月21日到22日智利发生了连续225次大地震。它的特点是地震多而震级高，其中十次超过八级，主震最高达到8.9级，震中烈度达到11度，是世界上最大的一次地震。地震引起了巨大海啸和火山爆发、地面下沉、河道阻塞。从南到北600km范围内，成为一片废墟，震害十分严重。影响面也极广，海啸一直到达日本东海岸，美国加州、甚至北极也有影响。

这次地震进一步说明在松散、软弱、含水的人工填土和冲积层、位于陡坡附近、基底面不规则或斜坡大、排水不良的地带，受到地震波的破坏最为严重。

调查表明智利1940年制定的抗震规范是有效的。如康塞普西翁城，1939年发生过一次大震以后建造的考虑了抗震设计的建筑，即使在烈度高达11度震中区，也没有全部破坏。有的建筑之所以遭到破坏，往往是由于违反了建筑设计规范的原因。

这次地震的经验教训是：

（1）钢筋混凝土剪力墙的抗震性能经受了考验，说明只要精心设计和施工，就能有效抵抗地震力。另一个问题是剪力墙在软土地基上，可能发生基础转动，进而导致破坏。

（2）L形和T形平面的建筑物，会发生扭转造成破坏。

（3）局部应力集中，会导致破坏。

（4）不同类型的场地土对上部结构有不同的反应，因此对高层建筑应充分考虑下部土的卓越周期问题。

1.3.3　1963年南斯拉夫斯科普里市地震（Skopje）

地震发生在1963年7月26日清晨，震级6级，震中烈度8～9度，震源深度5～10km，震中区范围30km^2。

这次地震震级虽不高，但破坏却较重。地震是冲击性的，持续时间极短，但最大加速度达0.3g。据说有三次振动，两次水平，一次垂直。在强烈震动之后，连续发生多次余震。

1950年后，斯科普里市作为马其顿共和国的行政中心和工业中心，需求量很大的公寓住宅快速建设，主要集中在城市的西边。超过3000套公寓在3～5年内建成，大多数为5层的石砌结构，施工质量很低。这些建筑的绝大多数在1963年斯科普里市地震中破坏严重，如图1.3和图1.4所示。图1.5为城市中心显著的震害情况，图1.6为旧城中表现良好的木结构。

此次地震证明，四层以下砖结构破坏重，高层建筑破坏较轻。纯框架结构，当底层砌有作为围护结构的实心砖墙时震害较轻；底层完全敞开的震害较重，框架柱上下两端发生转动，造成混凝土压碎和柱子的永久性倾斜。框架-剪力墙结构普遍破坏较轻，只是在剪力墙中由于配筋不足、施工质量不佳和材料强度不够而出现了裂缝。

该市地震表明：设计底层为柔性房屋时必须采取慎重措施，以保证整个房屋的安全，否则造成的倾斜或破坏将是很难修复的；其次是要注意设置足够宽度的防震缝，以避免相邻建筑的互相碰撞。

图 1.3 建筑物的典型震害

图 1.4 5 层石砌建筑的右侧倒塌

图 1.5 市中心烟草工厂破坏严重

图 1.6 左侧木结构轻微损坏，右侧石砌结构完全倒塌

1.3.4 1964 年日本新潟地震（Niigata）

1964 年 6 月 16 日新潟地震，7.4 级，震动持续了 2.5min。震中烈度 8 度，震源深度 60km。市内 1530 幢钢筋混凝土结构楼房有 310 幢遭到破坏，其中 44%是上部结构有损坏；地基失效引起建筑的破坏为数甚多，一幢四层公寓整体倾倒，一幢四层清水商店下沉 1.5m，倾斜 19°。地震后 28min 内又发生三次海啸，冲击了流经新潟城的信浓川，淹没了市中心的大部分地区，造成了巨大破坏。图 1.7 所示昭和大桥在地震中倒塌。据目击者称，昭和大桥在地震发生 70s 后开始倒塌。通过研究表明，昭和公路大桥桥墩上部土层液

图 1.7 昭和大桥地震中倒塌

化，左岸滑动，墩柱移位，中央桁架被强力推动而坠落，使长为 306.4m 的 12 跨钢桁架简支桥有 5 跨坠入河中，中间两座桥墩卷入坠落的桁架之下而折曲，其中一座桥墩顶部最大残余变形 93cm。昭和大桥震害被认为是日本重视桥梁抗震的一个转折点。

图 1.8 地基液化导致楼房倾斜倒塌

这次震害证明：刚性较大的建筑物本身的破坏极轻。相反，柔性房屋却由于地面变形产生不均匀沉陷而使主体结构遭到破坏。

新潟地震的另一个重要经验是：在类似新潟这样的饱和砂土软土地区，多层建筑物的基础必须采用桩基、管柱和沉箱之类的措施，以防止上部结构的倾覆或建筑物的显著沉陷（图 1.8）。

1.3.5 1964 年美国阿拉斯加地震（Alaska）

1964 年 3 月 27 日，当地时间下午 5 点 36 分，美国阿拉斯加州发生 8.5 级地震，震源深度在 25～40km 之间，震中距安克雷奇约 150km，破坏面积 13 万 km^2，有感面积 130 万 km^2。剧烈振动时间持续了 1.5～4min。地震后引起地表大规模变形，发生山崩、雪崩、滑坡、海啸，并使大片地面滑动、陷落。

地震时地表变形规模很大（见图 1.9），在安克雷奇以东有一块岩层长 640km 裂为两

图 1.9 地表变形

半，远在夏威夷的地壳都发生了永久变形。在震中320km半径范围内的沿海区有许多裂缝。地震造成的海浪传到南极，地震造成了地下水位变动，影响到欧洲、非洲和菲律宾。

地震时建筑物遭到破坏，但这种破坏不是由于震动而是由于地崩造成的。震中区安克雷奇地震时形成4个地崩断层。一般来说，位于地崩断层附近的建筑破坏不可避免。但由于安克雷奇是新建城市，大部分建筑物设计时都考虑了抗震要求，因此地震时建筑物尽管发生不同程度的损坏，却很少有倒塌现象，因而伤亡较少。

归纳起来这次地震有以下经验教训：

(1) 剪力墙结构抗震性能良好。但具有带开口的多层剪力墙中（如竖向有一系列的门或过道），墙和梁的连接是很关键的。这类并联剪力墙的连接如何使之起到整体作用，应引起重视。

(2) 剪力墙在平面布置上要十分注意，剪力墙布置上的偏心将导致建筑物的扭转破坏（图1.10）。震害调查还表明，许多双向配筋墙体未产生任何裂缝。

(3) 许多框架结构虽未受破坏，但次要结构如填充墙等则产生严重裂缝，甚至塌落。

(4) 地震侧向力按承受侧力构件的刚度分配，因此，刚性较大而强度较低的构件，将首先导致破坏，如楼梯间等。

(5) 装配式钢筋混凝土结构的破坏，多发生在垂直和水平的连接节点上。节点的强度不够或冲击韧性差是造成破坏的主要原因（图1.11）。

图1.10　五层钢筋混凝土结构的Penney公司大楼，因剪力墙布置偏心产生扭转破坏，外墙板坠落，部分梁柱折断，楼层倒塌

图1.11　六层预应力升板结构，由两个楼梯井筒承担地震水平力。地震时井筒折断，并向一侧倒塌，楼板重叠在一起坍落

(6) 在滑坡地区上的建筑不一定完全破坏，而位于滑坡和稳定土体边界上的建筑物则遭到严重破坏，但这是无法防御的，因此应当避开这样的地区。

(7) 施工质量的低劣是造成震害的一个重要因素。混凝土施工缝处由于两次浇筑之间缺乏连续性而导致破坏；对施工质量缺乏认真检查也是引起破坏的一个原因。

1.3.6　1967年委内瑞拉加拉加斯地震（Caracas）

1967年7月29日在加拉加斯西北60km的地方发生地震，震级6.3级，震中烈度8度，震源在加勒比海里。地震时估计地面加速度东部是0.06～0.08g。据调查结果，不同土层的破坏率与沉积层厚度（到基岩）有关。当冲积层的厚度大于160m时，14层以上的建筑物破坏显著加重，而基岩或薄的冲积层上的高层建筑几乎未遭破坏。

这次地震的特征是低频率、低衰减。震动周期约 1s 时加速度最大值超过 $0.3g$。卓越周期长的地基对层数多的房屋和低柔性底层房屋地震影响不利，因为这类房屋的基本周期与地基周期相近似。

土质条件对地震震害大小有明显影响。加拉加斯平原软弱的冲积层土上建造的高层房屋就受到了很大的破坏。可是，在同样条件下，与高层房屋相邻的低层房屋却安然无恙，十分完好，尽管这些私人的低层房屋通常未考虑过抗震要求。

一些经受了 1967 年委内瑞拉地震的 8～17 层房屋，很好地表现出了柔性底层房屋在地震后的性能。所有房屋的高层部分没有出现重大破坏，但柔性层柱的上下节点区受到破坏严重。这些节点区的混凝土部分碎裂，柱内钢筋鼓出。这是由于应力大量集中和在往复振动过程中柱结构产生剩余变形造成的。

一栋 16 层结构底层框架角柱在地震时受到破坏。显然，这种破坏的特点是与房屋水平扭转变形分不开的。柔性底层的角柱在这种情况下承受到了很大的附加荷载。振动时房屋底层发生扭转是由于在平面上房屋质量分布不均匀所致。

这次地震取得的经验教训是丰富的，主要归纳有以下几方面：

（1）非结构构件以及非抗侧力构件，对结构预期的抗震性能影响较大。

（2）倾覆力矩的影响在这次地震中表现得比较显著，超过了以往的总结、研究和观测的任何预言。如 Macato sheraton Hotel 破坏最重的就是内柱，其受力最大，主要原因是上部剪力墙弯曲产生的直接压力。

（3）在混凝土构件的所有侧面上配置纵向钢筋证明是有效的。

（4）框架中刚度突变区是一个危险区域，往往由于这个薄弱区域的存在，导致能量和应力集中的结果，而引起建筑物的破坏。

（5）许多结构的破坏说明在地震区对混凝土柱构件的要求，应当比非地震区建筑物更为严格。连接处的强度应与被连接构件相同，甚至更强。

（6）与抗震墙相连的楼板受力很大，在连接节点处应予以特殊考虑。

（7）相邻建筑物碰撞问题应引起适当的重视，否则亦会造成震害。

（8）其他如扭转作用、屋顶水箱的设计问题以及使楼梯在地震后仍能保持使用等问题。

（9）要考虑基础和地基的影响。

1.3.7　1968 年日本十胜冲地震（Tokatsu Oki）

1968 年 5 月 16 日，日本十胜冲发生地震，震级 8 级。这次地震震害与新潟地震类似，主要突出表现在土壤地基方面，影响遍及日本北海道南端以及本州北部广大地区。这次地震的主震延续时间长达 80s 左右，水平地面运动峰值加速度约在 $0.18g$～$0.28g$。

这次地震使位于太平洋北岸的一些城市按照抗震规范设计的三、四层钢筋混凝土公共建筑物遭受严重破坏，主要是柱 X 形剪切裂缝和主筋弯曲、混凝土破碎等，反映出设计方法上的严重缺陷，造成公众很大的不满，形成很大压力。日本在关东大地震后，对于 6 层及以下公共建筑多采用钢筋混凝土结构，7 层以上则用劲性钢筋混凝土结构。经过十胜冲地震并联系国外一些地震，认识到主要是构造不可靠，如箍筋太细太稀、绑扎不牢等；

还有短柱引起脆性剪切破坏等；必须同时考虑强度与延性两个主要问题，直接推动了建设省关于新抗震设计方法五年计划的制定与实施。

将这次地震的损害与钢筋混凝土建筑物的框架类型联系起来，可以归纳为以下几点：

（1）抗震墙较多的建筑几乎无震害。当每平方米建筑面积的抗震墙平均长度为十几厘米时，则连剪切缝都少见，尽管这类结构的韧性是很差的。

（2）有一定刚度的框架，随填充墙布置的多少，震害也不同。有的墙布置得比较均衡，虽然墙上产生许多剪切裂缝，但不至于产生框架的破坏；另外也有的墙布置得较少，则墙产生了较大破坏，同时在框架柱上产生较大的剪切裂缝，并使柱子的主筋压屈。

（3）框架主体。有的是因柱子压坏而倒塌，有的虽未倒塌，但柱头及柱脚核心区混凝土脱落，扭转效应明显。

据震害调查分析，此次地震造成建筑物损害的主要原因有：

（1）柱子抗剪强度和韧性不够，经受不了地震时反复循环的变形。

（2）角柱的损坏，说明对角柱的设计应注意两个方向地震作用（包括轴力）的应力组合，特别是上层有抗震墙的下层柱，更应重视。

（3）由于填充墙、楼梯间等刚度较大的部分布置不均匀，或构件内力的偏心，地震时常常发生扭转损坏。

（4）梁柱节点连接处损坏。

（5）伸缩缝处碰撞破坏。

（6）楼梯间倒塌。

（7）施工质量、混凝土灌注和配筋不适当，不符合设计要求而造成破坏。

（8）地基不均匀沉陷。

1.3.8 1970年秘鲁地震（Peru）

1970年5月31日下午，秘鲁西部发生7.8级地震，震源深度56km，持续时间45s，震中区垂直振动感觉明显。地震造成大量城镇房屋破坏，山区崩裂，大规模滑坡、塌方，并发生巨大的泥石流以及地陷和地裂缝，使公路、桥梁、码头等各种公共设施遭到严重破坏，20万栋建筑损坏。

土坯及砖石结构房屋破坏严重，也最普遍，砖砌房屋80%倒塌或严重破坏。但砖墙中设有钢筋混凝土梁、柱的混合结构，破坏要轻得多。

钢筋混凝土框架结构，如住宅、学校等建筑，抗震性能良好，只有轻微的损坏，其破坏主要发生在柱的上下端，由于柱端箍筋间距过大，造成弯剪破坏、混凝土破碎、崩落。但底层为开敞无墙的商店建筑，由于没有可靠的抗侧力构件，因此地震时柱端剪弯折断，钢柱压屈，导致一幢四层楼房全部倒塌。钢结构框架本身完整无损，但在连接件及次要结构上亦有一定的损坏。

这次地震的经验证明：地基条件对震害有很大影响，砂或软弱覆盖层很厚时，上部建筑的震害严重，产生不均匀沉降及倒塌。反之，覆盖层很薄的地基，虽是一般砖结构房屋，损坏亦很轻。因此，选择有利地基是很重要的。其次，施工质量的优劣对抗震性能影响很大，如施工缝处的粘结、水泥及混凝土强度等级等都会直接影响抗震的效果。

1.3.9　1971年美国圣费尔南多地震（San Fernando）

1971年2月9日清晨，美国第三大城市洛杉矶发生了6.6级地震，这个地震震级并不很高，震中在圣费尔南多区，震中烈度8度。由于震源很浅，地震造成了大量地表永久变形，大大加重了建筑破坏，特别是地滑、土壤变形与液化等因素的影响，造成了上部结构的严重破坏。

研究这次地震的一个重要意义，是因为它影响到一个现代化城市，并取得了200多个强震加速度记录，为工程抗震的研究和设计提供了大量资料。在离开震中40公里的洛杉矶市，约有30个近代建筑的最底层（一层及一层地下室），记录到地面最大加速度为$0.1g$～$0.2g$。20层以上的高层建筑物顶部的最大加速度为底部的1.5～2倍。

这次地震提示人们应注意地震区的医院、学校、住人很多的房屋、消防单位和其他在救灾中要发挥作用的单位，必须保证在地震时不要因房屋损坏而中断使用。

在房屋建筑设计方面的主要经验是：

（1）对于框架角柱应予以特别注意，考虑其竖向与水平方向的同时受力，其设计应留有一定的余地。所有混凝土柱或砖柱的设计，应能承受最大柱端弯矩所产生的剪力，并且支柱的两端应加以约束，以抵抗非弹性的剪力墙对框架构件的作用。

（2）要考虑倾覆力矩的影响，特别是对低阻尼建筑物的情况。

（3）板柱节点应考虑在框架变形的情况下，能够传递水平剪力。抗弯框架的梁柱节点是一个重要环节，要注意保证施工质量和节点强度。

（4）在设计抗侧向力体系时，必须考虑非侧力构件，诸如楼板、楼梯、非结构性填充墙的加劲作用。

（5）相邻建筑物之间动力特性的不同，在设计时应在平面布置时给予考虑。

（6）抗震缝若不能充分地防止弹性变形时的碰撞，则必须考虑撞击作用。

（7）电梯的各个组成部分应适当地固定在结构上。这次地震有674个电梯平衡重锤脱出导轨，其中109个撞到吊篮上，286个平衡重锤的滚子导轨断裂，松开。

研究这次地震另一个重要意义在于它促进了现代抗震设计理念的跨越式发展。地震之前，当时的地震工程界普遍认为，以1960年蓝皮书（Recommend Lateral Force Provisions and Commentary）为基础的UBC规范已经“尽善尽美”了，按其设计建造的房屋完全可以达到预期的目标。然而，此次地震的事实是，许多按当时UBC规范设计的现代建筑，在不大的地震下破坏严重，比如奥立唯（Olive View）医院（图1.12）。为此，加州工程师协会SEAOC专门组织了应用技术委员会（Applied Technology Council，ATC），负责对建筑抗震设计方法进行改进性研究，并于1978年发布了影响深远的研究报告ATC3-06。在这份报告中，引入了线性动力分析方法，并且第一次尝试性地对建筑抗震设计的风险水准进行了量化。

1.3.10　1972年尼加拉瓜马那瓜地震（Managua）

1972年12月23日尼加拉瓜首都马那瓜地震，是一个中等强度的地震，6.5级，震中烈度9度，峰值加速度在东西向$0.3g$，南北向$0.34g$，竖向$0.33g$。破坏程度空前，70%

(*a*) 奥立唯(Olive View)医院破坏(全景)

(*b*) 一层柱破坏(局部)

图 1.12　按震前 UBC 规范设计的奥立唯（Olive View）医院一层几乎完全倒塌

以上的房屋倒塌，特别是影响到首都马那瓜，使这个城市大部分遭到损坏。

受灾最重的区域在市中心，图 1.13 右侧为林同炎设计公司设计的美洲银行大厦，17 层，以 4 个钢筋混凝土筒用连系梁形成整体，震后连系梁从 3 到 17 层均遭到破坏，其他结构只有小裂缝，事后核算认为连系梁破坏后 4 个小筒各自独立工作，周期加长很多，使地震作用降低，因此震害轻，修复容易。这一建筑常被作为多道防线设防的范例之一。图 1.13 左侧为中央银行大楼，钢筋混凝土结构，5 层，两楼隔街相望，柱、梁交叉部位、板均有破坏，尤其是非结构构件破坏严重，几乎所有中空式隔墙都开裂散落，这是由于仅考虑了强度，而没有核算层间变位和总变位。图 1.14（*a*）为美洲银行大厦平面布置图，图 1.14（*b*）为震后的美洲银行。由此得到的教训是，这样高度的建筑物，设置剪力墙和控制变位比纯框架有利，同时也证明非结构构件抗震设计的重要。

图 1.13　中央银行大楼（左）和美洲银行大厦（右）

这次地震得到的经验是：

（1）设计时应使建筑物的刚度不要偏心。因为刚度偏心将导致结构构件的预期（原设计）内力发生改变，进而导致部分构件及整个结构的破坏。

（2）当建筑物两个方向强度不一致时，必须在弱向上设计足够的吸收地震能量的措施。

（3）抗弯框架的设计要求，应引伸到对框架所有构件提出相应的要求。

（4）三角形拱支撑或填充墙采用砖墙时，柱子的受荷形式将发生改变，因此在设计中必须予以充分考虑。

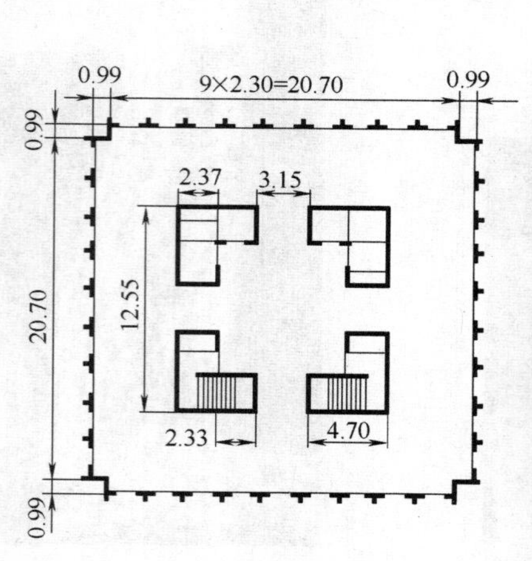

(a) 美洲银行大厦平面布置图(单位:m)

(b) 大震后的美洲银行

图 1.14　美洲银行

(5) 结构吸收地震能量的能力和结构的动力性能直接决定着建筑物的抗震安全性能。

(6) 工艺厂房中，采用轻质、高强和具有较好延伸性的结构，能使震害大大减轻。当地许多厂房采用轻钢屋架及轻型屋面，有的还采用轻质金属围护墙，地震后震害都很轻。

(7) 壳体结构应加强边缘构件的抗侧力强度和刚度，否则易损坏甚至倒塌，如该市6～12m跨度的筒壳，由于支承在细长的柱子上，缺少足够的支撑系统，故使其在弯矩和剪力作用下而破坏，甚至倒塌。

1.3.11　1976 年中国唐山地震

1976 年 7 月 28 日凌晨，中国唐山发生 7.8 级地震，震源深度 12～16km，震中烈度 11 度。这次地震发生在人口稠密、工矿企业集中的城市，发震时间正值人们沉睡的时候，加之震前唐山属于不设防的 6 度区，绝大多数建筑物没有进行抗震设防，因而，地震造成的损失和破坏极其严重（图 1.15）。位于震中的唐山市路南区建筑荡然无存，成了一片废墟，路北区绝大多数建筑塌毁，仅少数幸存（图 1.16），受波及的天津、北京也有大量建筑受到不同程度的破坏。

唐山地震中砖混房屋破坏严重，在 10、11 度区，90%以上的砖混房屋倒塌或严重破坏，一些建筑群或临街建筑成片倒塌，未倒的破坏也相当严重，不能继续使用。多数钢筋混凝土框架结构房屋的楼板与次梁震害较轻，框架柱、主梁和砖填充墙震害较重，尤以柱端和梁柱节点震害最为严重。

唐山地震建筑震害的经验教训是：

(1) 重视地基基础的抗震措施。地震时，由于砂土液化、喷砂、冒水、地基局部不均匀下沉、地裂缝通过房屋地基等，都可能引起上部结构倒塌、错动或严重开裂等灾害。

(2) 房屋平、立面布置应简单合理。震害调查分析表明，建筑体型复杂，平立面布置不合理，将导致建筑局部震害加重，甚至倒塌。

图 1.15 唐山地震灾情

图 1.16 唐山市中心的破坏情况

（3）多层砖房设置圈梁，加强内外墙的拉结，是保证房屋整体性的有效措施之一。

（4）房屋的转角部位受力复杂，在 8 度及 8 度以上烈度区，转角处墙体就会出现不同程度的破坏，轻者裂缝，重者局部倒塌。

（5）结构变形伸缩缝或沉降缝未按抗震缝要求设置或抗震缝宽度不足，地震时缝两侧建筑物相互碰撞而破坏。

（6）屋顶局部突出部位，特别是体型细长的塔楼，地震时由于鞭梢效应破坏严重。

（7）基本烈度 6 度区，要考虑抗震设防。

（8）建筑抗震设计目标要考虑建筑物在罕遇的强烈地震作用时不至于倒塌伤人。

1.3.12 1978 年日本宫成冲地震

1978 年 2 月，在日本宫成冲地区发生 7.6 级地震，震中烈度 7～8 度，8 层以下钢筋混凝土建筑破坏严重，仙台市（7 度）三幢 8、9 层钢筋混凝土结构楼房的短柱及窗间墙、窗裙墙破坏严重，未经计算的钢筋混凝土墙体发生剪切破坏。

同年 6 月，在宫成冲地区又发生了 7.5 级地震，峰值加速度为 0.25g。3～6 层钢筋混凝土纯框架结构体系的底层柱多数发生剪切破坏；6～11 层框架房屋中未经计算的现浇钢筋混凝土外墙剪切裂缝很多，但长柱很少破坏。

1.3.13 1978 年希腊萨洛尼卡地震

1978 年 5 月，位于希腊北部地区，萨洛尼卡发生 5.8 级地震。同年 6 月 20 日，此地区又发生 6.5 级地震，东西向峰值加速度为 0.15g，南北向 0.16g，竖向 0.13g。在地震区一幢 8 层建筑倒塌，另两幢底层为商店的 8 层住宅，底层柱子发生严重剪切破坏。严重震害发生在软弱冲积层的场地上，有软弱底层的建筑破坏重；有刚性隔墙的建筑破坏轻；

未设缝的建筑震害轻。

1.3.14　1985年墨西哥地震

1985年9月19日，在离墨西哥首都墨西哥城约400km的海域发生了8.1级强烈地震，震源深度33km，21日又发生了7.5级强余震。这两次地震，给墨西哥和远离震中的墨西哥城造成了严重的人员伤亡和经济损失，引起了地震科学家们和全世界的高度重视，其主要原因是该次地震的致灾因素是由地基问题引起的，很特殊，其教训值得各国吸取和重视。

墨西哥城的不少地方是建在由砂、淤泥、黏土和腐蚀土构成的软地基之上，其表层为30～50m的冲积层。这种特殊地基，在地震时充分暴露出其先天不足的弱点，倒塌的房屋主要集中于软土地基。墨西哥地震震害教训极其深刻，城市防灾减灾等方面的很多警示值得借鉴：

(1) 建筑震害程度与地基条件密切相关。这次地震震害范围相当狭窄，完全属于软地基造成的建筑物破坏（图1.17），包括：建筑物倾斜、建筑物下沉（有的大约下沉一层）、建筑物翻倒和地桩拔出（在世界上十分罕见）。与此形成鲜明对比的是，同属墨西哥城，西部火山岩地带上的建筑物所遭到的破坏要轻得多。

(2) 共振效应引起的灾害不可忽视。这次破坏的建筑物中9层以上的中高层建筑物占的比例很大（图1.18）。这类建筑物的自振周期在1.5～2.0s范围，恰好与地震动的卓越周期接近，使建筑物发生共振而加剧了破坏。

(3) 设计等方面的失策。一些框架因梁、柱截面过小和超量配筋发生剪、压破坏而倒塌。无梁楼盖结构，因楼板在柱周围发生弯曲挤压继而冲切破坏后倒塌。具有拐角形平面的建筑，破坏率显著增高。带大底盘的高层建筑，塔楼下部与裙房相接的楼层发生严重破坏，反映出竖向刚度突变的不良后果。

1.3.15　1988年亚美尼亚地震

1988年12月7日，在苏联亚美尼亚地区发生6.9级地震，震中烈度9度。

亚美尼亚地震实际上是苏联于20世纪70年代建造的经过抗震设计的现代钢筋混凝土建筑物的灾难。当地的许多旧的、甚至也未加筋的砖石结构都未发生明显的破坏。这是因为苏联政府特别是城市规划部门和建设部门，鉴于城市居住建筑严重短缺，为节省投资，便在20世纪70年代初期对大量的新建多层建筑放松抗震设计的标准，将设计烈度一律减到7度以降低设计地震力，同时又取消了原规范中限制建造五层以上建筑物的规定，把层高限制改为9层。而恰恰是这些建筑物在地震中大量直接倒塌，造成了人员的大量死亡。在列宁纳坎城约有80%的建筑物遭到严重破坏和倒塌，其中倒塌的大多数建筑物都是这一类降低设计标准的学校、医院、公寓房屋和工厂。

该城市中的主要建筑物为未加筋的砖石承重墙体结构，在地震中总的表现不佳，但有许多低层的未加筋的砖结构表现良好。表现最差的是预制的无延性的九层混凝土框架式结构，在50多栋这样的建筑物中，地震后只有12栋未倒塌，但也严重破坏。与之相反，许多预制的混凝土墙体与楼板的九层结构却表现良好。

图 1.17　建筑物破坏的典型照片

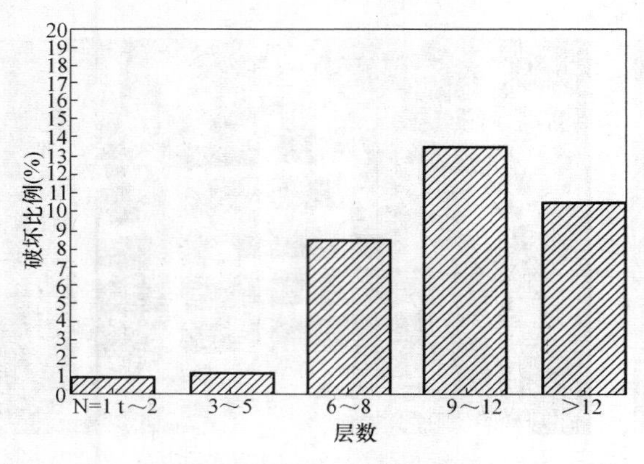

图 1.18　1985 年墨西哥地震中房屋破坏调查结果

1.3.16　1989 年洛马普里埃塔地震

地震发生于 1989 年 10 月 17 日，7.1 级，震中烈度 8 度。地震造成圣安德烈斯断层 40km 地段的断裂。南起洛杉矶、北到俄勒冈州边界、东到内华达州都有震感。震害涉及 8000km^2 的范围。

这次地震后，绝大多数建筑物的结构体系表现良好，但由于高柔结构系统在中、强震下水平向相对侧移较大，致使隔墙、围护墙、玻璃、管道系统、电梯等非结构和一些设备受到破坏，不仅造成重大经济损失，而且有些建筑物因而丧失功能。但是，不同地区之间受破坏的严重程度大不相同，似乎严重破坏主要集中在个别地区。全部倒塌的建筑物数量很少，砖石镶面和立面系统的损坏对下面行人造成极大危险，现代围护结构和玻璃立面体系性能良好，但是这也许是因为在海湾地区主要城市的震动程度和时间仅仅大到把建筑物带到损坏的临界而已。

最引人注目的建筑物损坏发生在规范颁布前建成的无筋砌体建筑物，这些建筑在接近震中的地区以及远至旧金山和蒙特雷地区均遭到了破坏。建筑物破坏形式：砖砌结构的出平面破坏、隔板的柔性破坏、砖砌结构平面内破坏和撞击破坏。经工程设计的建筑物大部分性能良好，尽管其中许多遭到重大的非结构损失。许多较旧式的用传统方法建造的有抬高的木料底层地板支撑在短桩和地龙墙上的房屋，其地板下结构塌陷，导致其他方面完好的住房下沉和许多设备管道断裂。

此次地震的震害经验教训是：

（1）建筑法规保障了建筑主体结构的地震安全，但建筑的非结构震害仍未能幸免。这次地震表明：规范颁布以前建造的房屋，尤其是无筋砖石房屋和底层柔性建筑，破坏最为严重；按建筑规范设计的房屋和按 1933 年土地利用法设计的学校建筑损坏轻微；非结构构件由于建筑规范尚无严格规定，遭受破坏者甚多。

（2）软土场地和连接薄弱是高架公路倒毁的基本原因。赛普里斯高架道路和旧金山到奥克兰海湾大桥支承塔架上的连接跨倒塌就是由于位于软土层、钢筋混凝土非延性连接和螺栓连接薄弱等因素所造成。80 多座桥梁的破坏，说明土壤条件影响和连接的重要性。

（3）采取抗震措施的文物破坏轻微。对海湾区 8 个博物馆内的 50 多万件文物的调查表明，由于最近几年采取了预防措施，只有大约 150 件文物受到损坏。

1.3.17　1994 年美国北岭地震（Northridge）

北岭地震于当地时间 1994 年 1 月 17 日凌晨 4 点 30 分发生，震中位于洛杉矶西北方向 20 英里处的圣费尔南多峡谷，震源深度为 12 英里，震级 6.7 级。强震持续 10s 左右，大约有 12500 栋建筑破坏，在调查的 66546 栋建筑中，严重破坏的 6%，中等破坏 17%。商业建筑，特别是大型停车场建筑破坏严重（图 1.19）。另外，此次地震中一个典型的震

(a) 全景

(b) 局部

图 1.19 多层停车场倒塌破坏

害现象是焊接抗弯钢框架的节点处出现了大量裂缝（图 1.20）。

图 1.20 焊接抗弯钢框架的节点破坏
（裂缝贯通柱子的翼缘与腹板）

此次地震造成震中 30km 范围内高速公路、高层建筑或毁坏或倒塌，煤气、自来水管爆裂，电讯中断，火灾四起，虽然死亡人数只有 57 人，但财产损失高达 200 多亿美元。这一现象引起了地震工程界对单一设防目标的反思与探索，于是，便有了后来的基于性能的抗震设计方法的产生与发展。

几点启示：本次地震号称该地区历史上有数的大地震，但仅死亡 57 人，其死亡人数之少，主要归功于洛杉矶地区建筑物具备了良好的防震功能。当地政府和人民在该地多次发生地震后，树立了较强的意识，在建造房屋时，大都采用木质结构，植根于坚实的岩层中，并依山势而布局，所以当地房屋的抗震性能非常优越，在发生地震时能够避免倒塌，大大降低了伤亡人数。但从另一方面分析，本次地震受伤亡人数虽然很少，但经济损失高达 200 亿美元。这是因为洛杉矶地区是全美第二大城市带，经济密度相当高，灾害的放大效应非常明显，形成了低人口死亡率、高经济损失率的灾情特征。

1.3.18 1995 年日本阪神地震（Kobe）

1995 年 1 月 17 日日本兵库县南部发生 7.2 级城市直下型地震，震源深度 17km。震害调查表明：经过良好抗震设计的建筑物，如按日本新的规范（1981 年）设计的高层和超高层建筑都完好，隔震房屋表现良好；老旧房屋和以高架桥为代表的生命线工程遭到了前所未有的致命打击，供水系统破坏严重，影响救灾；地铁主体结构出现了破坏现象；建筑物的中间层破坏（图 1.21*a*）和巨型钢结构破坏（图 1.21*b*、*c*、*d*），这是历次地震中很少见到的现象；建在经过处理的人工回填软地基上的高层建筑经受了振动和液化考验，表现良好，旧港口码头遭到破坏，所有码头几乎都停止作业。

(*a*) 建筑中间层破坏

(*b*) 巨型钢结构建筑全景

(*c*) 钢结构柱子破坏(一)

(*d*) 钢结构柱子破坏(二)

图 1.21　建筑破坏现象

震前，人们普遍认为日本在预防和抗御自然灾害方面处于世界各国前列。然而，阪神大地震的破坏（5438 人死亡，直接经济损失约 1000 亿美元）引起了日本全国上下和世界的震动，这次震害向现有抗震设计理论和方法提出了新的挑战，提出了软土地基的抗震、竖向地震动影响以及抗震验算模型等一系列新的有待研究的课题。

1.3.19　1999 年土耳其地震

1999 年 8 月 17 日凌晨，土耳其中部和西部地区发生里氏 7.4 级强烈地震。11 月 12 日晚，土耳其西部地区又发生里氏 7.2 级强烈地震。这是 20 世纪最强烈的地震之一，也是从 1906 年美国旧金山大地震和 1923 年日本东京大地震以来，袭击世界上工业化地区最大的地震纪录。震中就在格尔居克（Golcuk）市的附近、伊兹米特（Izmit）的南方，距离拥有一千多万人口的伊斯坦布尔东南约 80 km。官方公布的数字约有 1.7 万人遇难，而据非官方报道估计死亡人数多达 4.0 万人。大批的建筑物倒塌或是严重损坏，7.5 万人无家可归。约有 7.7 万栋建筑物严重损坏或倒塌，另有 7.7 万栋建筑物为中等程度损坏，大约有 9.0 万栋建筑物为轻度损坏。地震侵害了土耳其大约 35% 的工业基地，造成的经济损失约为 150 亿～200 亿美元 。

这次地震发生在北安那托利亚断层和西部地震区交汇处，地震造成大规模地表破裂，破裂带从伊兹米特东侧穿过萨帕贾湖一直向东北方向延伸，长度达180km左右，破裂以水平错动为主，最大水平错距5m，垂直错距0.5～1.5m，破裂带最大宽度达57m。地震引起大面积的地表沉陷、隆起、裂缝、液化等地表破坏，同时造成建筑物的大量毁坏（图1.22）。

图1.22　地震中完全倒塌的房屋

建筑质量差是造成地震发生时大片楼房倒塌、众多人员伤亡的主要原因。不少建筑承包商为了赚取更多利润而购买质量较差的建筑材料，并盲目追求施工进度，造成居民楼严重的建筑质量问题。

地震期间造成的破坏，大都是由于钢筋混凝土框架和砌体填充墙性能不良造成的。4～6层建筑物的损坏最为严重，是造成伤亡最多的。地震后幸存的建筑物也具有同样的框架体系，包括伊斯坦布尔市的大量建筑物，从而引起了众说纷纭。重要的是由地震记录来判断，整个地震区的结构都经历了地震的严峻考验。对倒塌和破坏的建筑物进行检查后，发现钢筋混凝土框架体系在设计和施工期间，几乎都没有进行抗震设计。由于缺乏适当的斜撑构件和广泛地使用软弱层（楼层平面是开敞的），所以不难理解结构平面会产生很大的地震变形。由于软弱地基加剧了地面运动，所以提高抗震能力就变得越来越重要了。对于这种要求较高的结构，唯一的抗震措施就是结构体系的塑性变形。遗憾的是所检查的建筑物都缺乏标准的抗震设计和细节构造，而这正是提供塑性变形以拯救大量结构所必需的。

损坏的原因可在以下两个范畴内讨论：

（1）提高抗震要求的因素。钢筋混凝土框架结构的侧向支撑是由无筋砖砌体或混凝土砌块墙提供的，所有砖砌体往往是空心的建筑块体。在地震期间这些墙体也能在不同程度上抵抗侧向荷载，而这些墙体往往过早损坏，最终因斜向受拉或受压破坏。抵抗侧向荷载的程度取决于所用砌体的数量和所提供的框架体系。在北美规范中现代抗力矩框架采用的是轻质隔墙，例如干墙（轻钢龙骨石膏板墙），这在地震多发区是不常用的，而是在建筑物的外部围护墙和内隔墙中广泛地使用砌体，用以提高墙-地面积的比率。所以这种砌体墙尽管强度较低，而且可能是脆性的，但是框架在超过弹性限度之前，这种广泛使用的砌体确实使框架得益匪浅。在脆性的砌体破坏后，就没有侧向支撑来控制侧向位移了，因而造成了较大的位移。许多建筑物由于砌体受到不同程度的破坏，使得钢筋混凝土框架局部或全部失去侧向支撑。有一栋公寓建筑由于缺乏充分的侧向支撑构件，使得框架的垂直构件不能承受塑性变形而全部倒塌。土耳其的大多数建筑物第一层都设计成商业用房，这主要是因为商业用房每平方米建筑面积的经济价值大大高于居住建筑。此外，商业街集中在几条街道上，而商店则沿着主要街道分布，都位于建筑物的首层。这样在沿街的铺面上广泛地使用着软弱层，这就对第一层柱子提出了很高的变形要求。对结构提出更高抗震要求的另外一个原因，就是常用的一种叫作“阿斯莫林（Asmolen）”的结构体系。这是一种单向板体系，是由混凝土小梁和上面的砌块组成的，形成了一种深的结构板体系。通常柱子的尺寸是较小的，在梁柱节点处造成了柔弱的垂直构件与水平构件相连接。这种体系完全违反了强柱-弱梁的设计原则，把沉重的负担加在柱子上，特别是在首层标高上增加了层间位移，迫使柱子产生了塑性铰。

（2）减少变形的因素。柱子受到的严重破坏大都是由于缺乏足够的横向钢筋。横向钢筋是8mm的光圆钢筋，一般的间距为300mm或更大些，有些建筑物中的柱子甚至没有箍筋。箍筋的数量和截面积都不够，这就造成了柱子广泛的剪切破坏。在大多数情况下横向钢筋限于封闭的箍筋，带90°弯钩的。在地震反应期间，脆性砌体墙的破坏在多层建筑的首层柱子上施加了沉重的负担，受到很大的轴向压力和弯矩的柱子，由于缺乏约束的箍筋就会造成混凝土被压碎，而不是斜向受拉破坏。大多数建筑物的倒塌都是由于首层柱子的破坏，因而在总体事故中占有很大的比重。大多数建筑物的梁-柱节点没有横向钢筋，这就是说在这些建筑物中从来就没有考虑过抗剪设计。由于非结构构件与结构之间的互相干扰，有些结构构件的变形能力受到了影响——由于砌体墙在框架体系中参加了侧向荷载的抵抗，在窗口和其他开口处产生了短柱效应，则设计中未增加抗剪强度的柱子受到了脆性的剪切破坏；在某些建筑物中，楼梯的休息平台板连接在柱子上，或是作用了未曾预计的侧向力，也会造成短柱效应。还观测到了一些结构构件的不规则性造成了构件变形能力的减少，例如楼板由于非对称布置造成扭转作用就会对结构层间变形产生负面影响。

1.3.20 1999年台湾集集地震

1999年9月21日，台湾中部地区于南投县集集镇附近发生7.3级强烈地震（简称9.21集集地震），震源深度8km。此次地震为车笼埔断层错动所引发的内陆浅源地震。强烈的地震导致巨大的地面变形和地质破坏，甚至改变了地理地貌和自然环境，位于震中区的南投县和台中县的建筑物严重破坏。据台湾建筑研究所和地震工程中心所收集到的8773栋建筑的震害资料统计，震中区的南投县和台中县分别有4500多栋（占53％）和2800多栋（占32％）建筑破坏。在远离震中150多公里的台北市，由于盆地效应仍有超过300栋建筑破坏。

集集地震建筑震害的主要原因和经验教训有：

（1）实际地震强度大于设计地震地面运动。南投县和台中县属设防二区，其对应的加速度峰值PGA＝230gal，而实际地震的平均PGA＝500～600gal，远大于设防地震。

（2）要特别重视建筑场址的选择。集集地震中由于场地原因导致了大量建筑物破坏。首先是断层效应，断层两侧6km地区内建筑物受损分布密集，约占总数的60％；其次是地基液化，地震中员林白果山麓、大里市区和台中港等地区破坏严重，原因是场地土层中含饱和粉砂土、地下水位高或系人工填海造地；第三是盆地效应，距震中150km的台北地区，由于盆地效应，场地特征周期与建筑结构周期相近，因共振导致 300 多栋建筑物损坏。

（3）要特别重视抗震概念设计。集集地震中倒塌、破坏的建筑中，有相当一部分是由于抗震概念设计存在明显缺陷造成的（图 1.23～图 1.26），例如建筑结构体系不合理，平、立面不规则，竖向刚度、强度不均匀，结构整体冗余度不足等。

(*a*) 倒塌现场照片

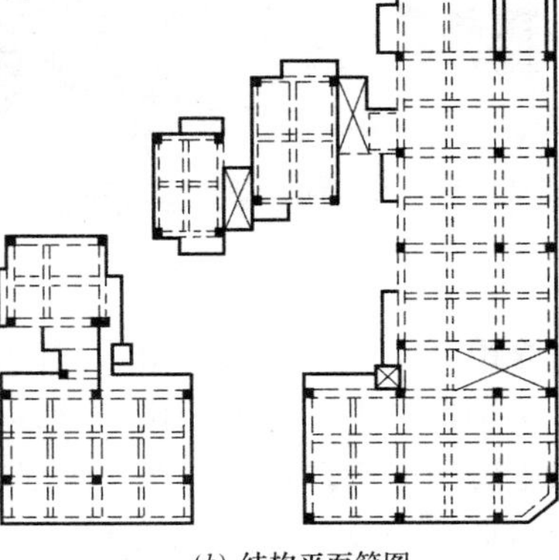

(*b*) 结构平面简图

图 1.23 云林县中山国宝二期大楼，12 层混凝土框架结构，由于柱子数量少，赘余度不足，东侧六楼以下，西侧五层以下倒塌

(*a*) 倒塌照片

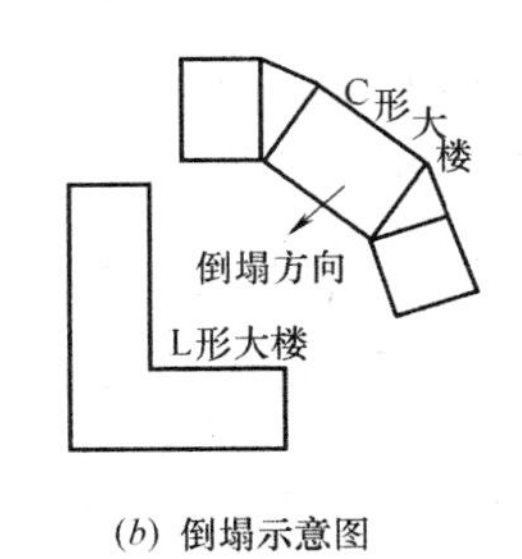

(*b*) 倒塌示意图

右翼 左翼

(*c*) 平面布置图

图 1.24 1999 年集集地震中彰化县员林镇龙邦富贵名门大楼，16 层混凝土框架结构，由于柱子数量少，赘余度不足，倒塌

（4）施工质量及日常使用管理对建筑抗震性能的影响不可忽略。在震后调查中发现，存在不按图施工或施工质量不满足要求的情况，同时，还发现在使用过程中存在擅自拆墙、破坏梁和柱、改变结构体系，以及违法违规进行不当的增层、扩建等情况。

1.3.21 2008 年中国汶川地震

2008 年 5 月 12 日，在我国四川省发生了里氏 8.0 级特大地震。震中位于四川省汶川

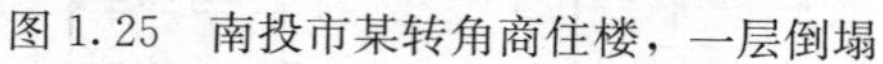

图1.25　南投市某转角商住楼，一层倒塌

图1.26　南投市台汽客运中兴站，一层空旷倒塌

县的映秀镇（东经103.4°，北纬31.0°），震中烈度达11度。此次地震发生在四川龙门山逆冲推覆构造带上，是龙门山逆冲推覆体向东南方向推挤并伴随顺时针剪切共同作用的结果。地震破裂面南段以逆冲为主兼具右旋走滑分量，北段以右旋走滑为主兼具逆冲分量，该破裂面从震中汶川县开始破裂，并且破裂以3.1km/s的平均速度向北偏东49°方向传播，破裂长度约300km，破裂过程总持续时间近120s。地震的主要能量于前80s内释放，最大错动量达9m，震源深度约为10.0km，矩震级7.9，面波震级8.0。此次地震不仅在震中区附近造成灾难性的破坏，而且在四川省和邻近省市大范围造成破坏，其影响更是波及全国绝大部分地区乃至境外，是1949年以来大陆地区发生的破坏性最为严重的地震。

汶川地震发生在多山的西部地区，引起大量的山体滑坡和泥石流。巨型山体滑塌，冲毁了许多城镇和村庄，大量的人员和房屋一起被埋没（图1.27）。

图1:27　北川新县城几乎被滑坡掩埋

初步总结汶川地震建筑震害的经验教训，有以下几点启示：

（1）20世纪80年代以来我国颁布执行的抗震设计规范经受了大震的考验，有效地保证了人民的生命财产安全。汶川地震表明：除了危险地段山体滑坡造成的灾害外，总体上城镇倒塌和严重破坏需要拆除的房屋约10%，凡是严格按照89抗震规范或2001抗震规范的规定进行设计、施工和使用的各类房屋建筑，在遭遇到比当地设防烈度高一度的地震作用下均经受了考验，没有出现倒塌破坏，有效地保护了人民的生命安全，这个经验应充分肯定。

（2）重视抗震概念设计和构造措施。现场调查表明，此次地震灾区破坏的房屋多数是由于抗震概念设计和构造措施方面存在缺陷造成的。例如：平面布局不规则，抗侧力构件竖向不连续，强梁弱柱，结构整体没有二道防线，砖混结构不设圈梁和构造柱，预制空心楼板端部无连接，出屋面女儿墙无构造柱和压顶梁，填充墙与主体结构拉结不足，抗震缝处置不合理，对局部突出屋面的楼电梯间等小结构的鞭梢效应考虑不足，未进行局部加强设计等。因此，对于灾后重建，一定要重视概念设计和构造措施，从概念上去把握结构的整体抗震能力。

（3）将村镇私人建房纳入审批管理程序。现场震损房屋调查结果显示，地震中私人建房损失很大。由于选址不当，结构设计不合理，施工质量不良等原因导致了大量震害。除了建筑技术方面的原因外，另一重要原因是，该类房屋的规划设计与施工游离于政府主管部门的管辖范围之外，现有法律没有将私人建房的设计与施工纳入政府主管部门的审查程序。

（4）要特别加强对未成年人在地震突发事件中的保护。汶川地震中，虽然倒塌的学校建筑的比例略低于其他房屋，但伤亡人数的比例明显大于其他房屋。因此，要特别注意在发生地震灾害时加强对未成年人的保护。另外，学校建筑应按抗震规范概念设计的要求，采用体系合理、具有多道抗震防线、楼屋盖整体性强的结构，确保建筑的抗震安全性。

（5）重视场地的工程抗震措施。西部地区的建设用地主要位于山区，地形复杂，农村很多建筑依山而建，城市中有很多陡坡和挡土墙，潜在的地质灾害主要有山体滑坡、泥石流和洪灾等。因此，对于灾后重建，应加强建筑工程场地的选址工作，选择有利地段，避开危险地段；对于无法避让的抗震不利地段，应采取有效的工程场地抗震措施进行排险。

1.3.22　2010年智利地震

当地时间2010年2月27日凌晨3点34分，北京时间2010年2月27日14：34，智利发生里氏8.8级特大地震（美国地质勘探局将地震定为8.5级，后调整至8.8级）。震中位于智利比奥比奥省（BIO-BIO），震中位于智利首都圣地亚哥西南320km的马乌莱附近海域，震源深度约60km。位于智利第二大城市康塞普西翁（Concepcion）东北89km，位于智利首都圣地亚哥西南339km。在8.8级强震发生后十余个小时内，智利经历了50多次里氏5级以上的余震，其中强度最大的一次达6.9级。

智利是一个高度城市化的国家，其中85％的居民居住在城市，50％的居民集中住在Santiago、Valparaiso-Vi a del Mar、Concepción-Talcahuano三个大城市，因而城市中的高层以及超高层建筑林立，并在此次地震中经历了8.8级地震的考验。在2010年智利地震中，钢筋混凝土高层结构的普遍震害现象主要表现为剪力墙混凝土受压破坏和剪力墙钢筋的外鼓屈曲与拉断破坏两种。

（1）图1.28所示为智利某高层钢筋混凝土剪力墙的典型破坏情况，据统计此次震害有数千片剪力墙发生类似破坏。其破坏模式以拉压破坏为主、剪切破坏为辅。

（2）智利是较早在钢筋混凝土多层和高层建筑中采用剪力墙的国家之一，在1985年智利地震中，剪力墙结构的存在避免了人员伤亡且其本身破坏较轻。鉴于剪力墙结构良好的抗震性能，智利随后数年逐渐增加结构高度，但剪力墙厚度仍与中低高层结构墙体厚度相同（典型厚度为200～250mm）。随着结构高度的增加，重力荷载增大，而剪力墙厚度不变，致使剪力墙轴压比过大，在地震作用下其延性降低，是造成2010年智利地震数幢高层、数千片剪力墙的受压破坏（图 1.28）、甚至发生整体倒塌（图 1.29）的主要原因之一。

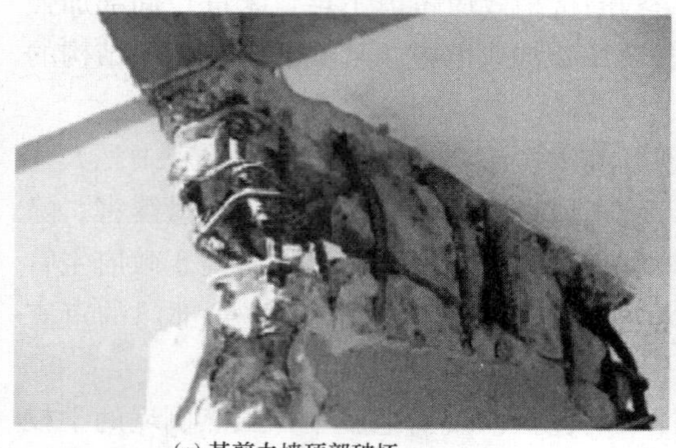

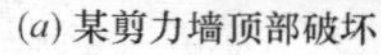

(*a*) 某剪力墙顶部破坏

(*b*) 某剪力墙根部破坏

图 1.28　钢筋混凝土剪力墙的破坏

（3）图 1.29 给出了在智利地震中钢筋混凝土剪力墙钢筋的破坏照片，其地震破坏现象为纵向钢筋的外露、外鼓、屈曲和拉断。发生震害的大部分高层结构都依据 1996 年颁布的智利建筑结构设计规范设计，该规范基本内容与美国同时期的 ACI 318 设计规范类似，但考虑到剪力墙结构在 1985 年地震中的良好表现，智利规范允许“在剪力墙设计时，不必满足 ACI318-95 规范 21.6.6.1～21.6.6.4 的规定”，且允许删除剪力墙边缘约束构件。这一设计规定导致数百片钢筋混凝土剪力墙因未设置边缘约束构件而发生破坏（图 1.30）。

图 1.29　钢筋混凝土剪力墙结构的倒塌

图 1.30　未设置边缘约束构件

震害经验与启示：

（1）鉴于 1985 年智利地震中剪力墙结构的良好表现，用中低层剪力墙的厚度（200～250mm）建造高层建筑，造成 2010 年智利地震中数百片剪力墙在轴压比过大、延性过小的情况下发生受压破坏，并给修复工作带来极大困难。

（2）构造措施对钢筋混凝土高层影响至关重要。智利震害中的剪力墙结构设计遵循

1996 年智利结构设计规范，其基本方法与美国 ACI318-95 规范相似，但却允许删除剪力墙边缘约束构件和不必严格满足 ACI 规定。智利规范对构造措施的放松造成数百片剪力墙出现钢筋外鼓、拉断等难以修复的破坏。

1.3.23 2010 年青海玉树地震

2010 年 4 月 14 日 07：49，青海省玉树藏族自治州玉树县发生 7.1 级地震，震源深度 14km，宏观震中位于玉树县结古镇隆洪达附近。玉树地震是青海省近 20 年以来破坏最为严重的一次地震，也是继汶川 8.0 级地震后，国内发生的破坏最为严重的地震。

灾区房屋结构形式主要为土木结构、砖木结构（包括石木结构）和混凝土多层砌体结构，另外仅有个别框架结构房屋，其建筑面积在灾区总面积中所占比例很小，破坏程度较轻。图 1.31 为震区不同结构类型建筑物在不同评估区的破坏情况。

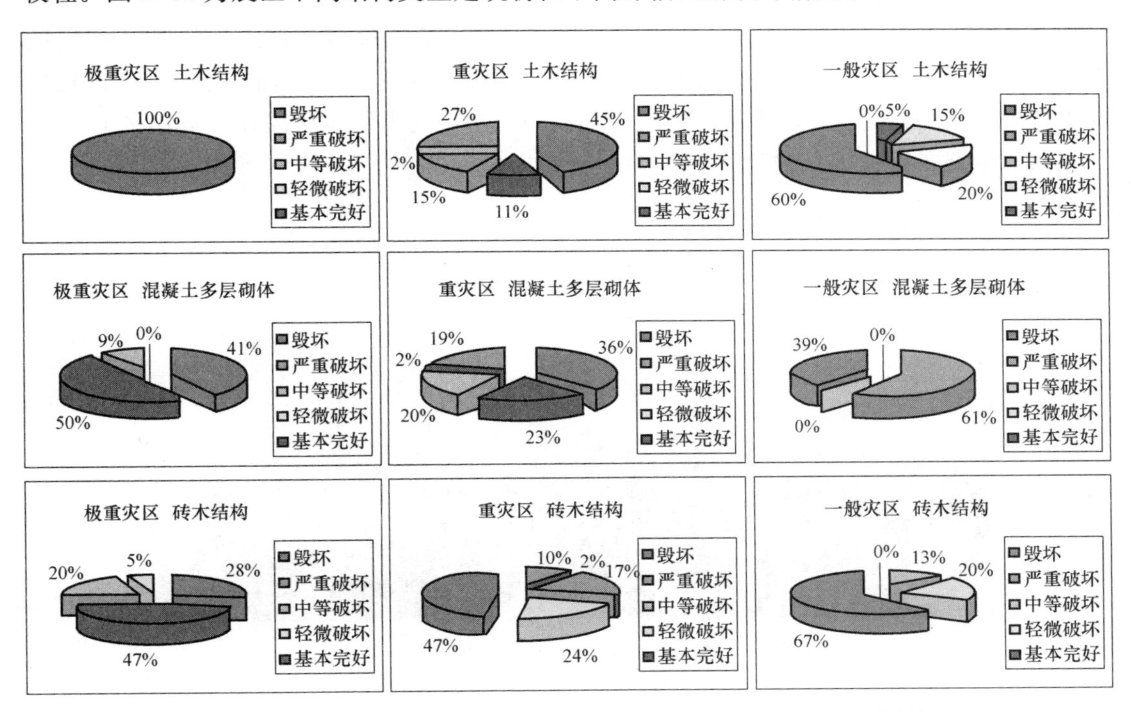

图 1.31 玉树地震震区不同结构类型建筑物在不同受灾区域的破坏情况

(1) 土木结构房屋破坏最为严重（图 1.32）。这类房屋主要集中在农村的民房，建造年代参差不齐，设计、施工很不规范，因地取材，没有抗震设防措施，房屋延性差，抗剪抗弯强度均较低。极重灾区结古镇土木结构全部毁坏，重灾区也有 70%达到中等破坏程度以上。

(2) 砖木结构房屋，主要为片石和砖组合砌筑墙体，以木屋盖为主要结构形式的房屋。其抗震能力较土木结构强很多，破坏相对较轻。但由于极重灾区、重灾区烈度超过Ⅷ度，其破坏程度还是相当大的，极重灾区 30%以上的砖木结构房屋毁坏，重灾区毁坏的砖木结构房屋也超过了 10%（图 1.33）。

(3) 混凝土多层砌体结构房屋即黏土砖、混凝土空心砌块房屋。据调查，由于灾区无

图1.32 土木结构房屋破坏严重

条件自给黏土砖，而混凝土空心砌块可就地取材，成本要低很多，故其中有70%以上的房屋完全采用混凝土空心砌块，仅有10%左右的砖混房屋全部采用黏土砖砌筑。而建房时很少采用相应的抗震设防措施，因此破坏相当严重。此类结构房屋在极重灾区40%以上毁坏，重灾区超过30%毁坏（图1.34）。

图1.33 砖木结构房屋毁坏

图1.34 混凝土多层砌体建筑物破坏情况

震害经验与启示：

（1）要切实提高建筑物抗震性能。玉树7.1级地震震害表明，灾区房屋（主要是居民自建房屋）的抗震能力明显不足，灾后重建期间要切实加强各类房屋抗震设防要求的管理：一是要提高房屋的抗震设防水平；二是加强房屋的抗震设计和施工监理，保证房屋严格按照建筑施工设计要求和抗震设计要求建设；三是建议不修建“土木房屋”和“石片房”等不具备抗震能力的房屋。

（2）加强建筑场地选择及地基处理。从玉树地震灾害现象看出，地震断层及场地地基的影响非常明显。为了提高抗震能力，对群居及散居点在建房前均应对诸如地质、地形地貌、土质条件、地下水埋深以及地震时可能引发次生灾害的场地环境等进行严格的全面科学考察。选取对抗震有利、生活方便、交通便利、便于习作的场区或场点，尽量避开危险区或不利区。依山而建的房屋，山梁上的房屋或半挖半填地基上的房屋，其震害较重，一定要做好地基处理工作。

（3）提高各类基础设施的抗震设防水平。玉树地震发生后，生命线系统破坏严重且范围较广，震后5天后重灾区结古镇供水、供电系统仍未能恢复正常功能，很多偏远灾区通信困难。灾后重建需考虑加强各类生命线工程抗震施工和维修管理，提高各类生命线工程的抗震能力，考虑多级电网和供水体系的规划和建设。

1.3.24 2010年新西兰地震

北京时间2010年9月4日00∶35，新西兰发生7.1级地震，震中位于克赖斯特彻奇市西北方向39km，惠灵顿市西南方向298km，震源在地表以下10km处。地表破裂线长达约30km，引发了地面形变，造成了水平面上宽达5m、垂直面上高达1m的位移。此地震刷新了新西兰地震历史纪录。尽管地震造成了巨大破坏，但是零死亡的结果也创造了历史。这次地震引发了一连串的各种震级的余震。

由于地震多发，新西兰在抗震减灾方面做了许多工作，据介绍，新西兰的隔震技术处于世界领先水平。早于20世纪六七十年代，新西兰就已将特制的橡胶垫用于基础隔震，并通过立法来确保基础设施建设质量，大力倡导和推广具有抗震性能的轻型木结构建筑，对居民抗震建设实施完善和严格的监管措施。此外，政府非常重视对公民的防灾减灾教育，专门印制的防灾手册，基本上做到人手一册等等。

正因为新西兰注重防减灾工作，一旦灾难来临，整个防震减灾体系立即发挥作用，而不至于任由地震肆虐。正因为防震措施到位，强震后出现零死亡才不是奇迹。倘若注意到这一点，我们不仅要对新西兰地震的低死亡率感到欣慰，更要把这当作一种有益借鉴，深入反思自身不足之处，抓紧制定和落实更有效的防震减灾措施。

1.3.25 2011年东日本大地震

东日本大地震（日本政府命名）于2011年3月11日14时46分发生在日本东北方向，震级为M9.0级，震源深度为24km，震源地点为日本海三陆冲，北纬38°62′，东经142°56′。震害波及日本全国，表现如下：

（1）钢筋混凝土结构此次遭受地震破坏的程度非常轻。按照现行规范设计的钢筋混凝土结构除了局部剪切裂缝，基本没有发生倒塌现象。有的多层或低层建筑采用钢筋混凝土框架或框架-剪力墙结构，由于结构刚度较大或不均匀，发生较严重的震害，多发生在底层或软弱层部位的结构构件，如柱或连梁等处（图1.35和图1.36），大多是建在1981年以前用旧规范设计的建筑。

图1.35　框架边柱破坏（东日本大地震灾害考察报告）

（2）钢结构建筑由于自重较轻、延性较好，在此次地震中破坏程度相对较小。从震后表现来看，由于直接地震作用破坏的钢结构建筑很少，发生破坏的大多为体育场馆建筑或是轻型钢结构；由于海啸引发的破坏和倒塌的低层钢结构较多。

（3）非结构构件的破坏比主体结构破坏严重，且范围更大，如天花吊顶、围护墙体幕墙结构、室内家具以及墙体粉刷等（图1.37）。

图1.36　连梁破坏详图（东日本大地震灾害考察报告）

图1.37　外墙脱落（东日本大地震灾害考察报告）

日本建筑都能够抵御里氏7级以上的强烈地震，而学校之类的建筑，其设防烈度更是达到Ⅹ度（中国烈度标准），因而被称为最好的避难所。实践证明，日本建筑物的抗震能力对减缓地震造成的伤害起到了非常重要的作用。在东日本9.0级强震中，绝大多数建筑接受住了强震的考验。据了解，震后灾区的建筑基本完好，只有少量建筑倒塌或轻微受损。而海啸发生之后，沿海城镇的建筑多是整幢位移、部分冲毁，由于不是坍塌，因而直接伤亡较小。日本建筑在此次地震海啸中的杰出表现，无不展示出了抗震强国实打实的抗震能力。

1.3.26　2013年四川雅安芦山地震

北京时间2013年4月20日8时02分四川省雅安市芦山县（北纬30.3，东经103.0）发生7.0级地震，震源深度13km，震中距成都约100km。成都、重庆及陕西的宝鸡、汉中、安康等地均有较强震感。据雅安市政府应急办通报，震中芦山县龙门乡99%以上房屋垮塌，卫生院、住院部停止工作，停水停电。截至2013年4月24日10时，共发生余震4045次，3级以上余震103次，最大余震5.7级。

据考察结果，芦山地震震区内房屋的主要结构类型为砖混结构、砖木结构、框架结构、土木结构以及少量的穿斗木结构。农村房屋主要为农民自建房，一般是二层砖混结构、二层砖木结构；城镇房屋主要为多层砖混结构、框架结构。整个雅安灾区遭严重破坏、倒塌或损毁的农房达15.58万户。震区房屋修建于不同时期，其抗震设防能力差异很大，在芦山地震的强地震动作用下，建筑物表现出不同的震害特点——未做抗震设计的砖混结构、砖木结构和老旧的土木结构房屋，抗震能力很差，是房屋震害的主体，多数毁坏或严重破坏；有抗震设计的框架结构房屋和砖混结构，主体结构完整，墙体部分开裂，少数严重破坏。

（1）严格按照建筑抗震设计规范设计施工的建筑物震害特征及震害原因：

地震灾区实地调查发现，在此次芦山地震中，按照抗震规范及相关规范标准正常设计、施工和使用的建筑，在地震作用下，主体结构构件基本完好无损。其中，严格按照规范设计、施工的建筑，震后钢筋混凝土结构房屋在低烈度区完好无损，在高烈度区，钢筋混凝土结构房屋主体结构构件基本完好；按照国家现行抗震规范及相关规范标准正常设计、施工和使用的砌体结构房屋，包括汶川地震后新建的砌体结构房屋，在地震中无破坏；在高烈度区，建造年代较久，但按照当时抗震规范及相关规范标准设计、施工和使用的建筑，尽管其抗震构造措施有待完善，但房屋仅墙体出现斜裂缝，非结构构件破坏等损坏，未出现倒塌现象，表现出较好的抗倒塌能力。

（2）老旧砌体房屋震害特征及震害原因如下：

震害1：由于老旧砌体房屋使用时间较长，砂浆强度低，抗剪能力不足，造成墙体的斜裂缝或X形裂缝（图1.38），在受损建筑中均有体现；

震害2：由于圈梁、构造柱以及墙体拉结等构造措施的缺失或不完善，结构的整体性较差，在强烈地震作用下，造成墙体的外闪、倒塌等破坏（图1.39）；

震害3：预制装配式钢筋混凝土楼、屋盖由于未按规范要求采取抗震构造措施或连接措施不当，造成结构的整体性较差，地震作用不能有效地通过楼板在竖向受力墙体之间分配，导致受力墙体整体或局部倒塌破坏，楼板塌落；

震害4：屋顶突出结构以及女儿墙等非结构构件在地震作用下的鞭梢效应造成地震力以及水平位移的增大，加之未按照规范要求与主体结构设置足够的拉结措施，在地震中遭受较为严重的破坏，垮塌掉落伤人。

图 1.38 墙体开裂

图 1.39 未经约束的墙体损毁

(3) 农村自建房震害特征及震害原因：

村镇房屋由于受经济技术条件的制约，未经过正规的抗震设计，且使用时间长、结构体系紊乱、墙体材料强度低、抗震构造措施缺失或不完善、自行建造施工质量差等原因，在历次地震中均遭到严重破坏，其中在汶川地震中，村镇中倒塌房屋占整个灾区倒塌房屋比例的 90%以上，造成重大人员伤亡和经济损失。在此次芦山地震中，村镇房屋同样遭受严重破坏。

震害经验与启示：

(1) 变抗震救灾为抗震设防。破坏性地震是一种重大的自然灾害，由于地震动具有明显的不确定性和复杂性，迄今人们对地震规律性的认识不足，还不能准确预测地震。建筑的抗震设防是减轻建筑地震破坏的最有效手段。依靠合理的建筑抗震设防，完全能够减轻建筑地震破坏，避免因建筑物破坏造成的人员伤亡和经济损失。

(2) 重视抗震概念设计和构造措施。历次大地震的震害经验表明，在某种意义上，建筑的抗震设计很大程度上依赖于设计人员的抗震设计理念。因此，抗震计算和抗震措施是不可分割的两个组成部分，而且“概念设计”(conceptual design) 要比“计算设计”(numerical design) 更为重要。

(3) 城乡私人自建房抗震工作的思考和建议。震区现场的房屋破坏调查结果显示，城乡私人自建房由于结构体系设计不合理、未采取相应抗震措施、施工质量不能保证等原因，在地震中损失较大。建议在今后的抗震工作中，针对此类建筑，一方面加强建筑技术方面的支持；另一方面，建议政府主管部门将此类建筑的设计和施工纳入政府主管部门的审查程序。

1.3.27 2013年甘肃岷县地震

2013 年 7 月 22 日 07 时 45 分，在甘肃省岷县、漳县交界处（北纬 34.5°，东经 104.2°）发生了 6.6 级强烈地震，宏观震中位于岷县梅川镇一带，震中区烈度为Ⅷ度（图 1.40)。此次地震是自 1954 年山丹 7.2 级地震以来甘肃省境内发生的震级最大的一次地震。最大余震为 7 月 22 日 9 时 12 分发生的 5.6 级地震。此次地震受灾范围涉及甘肃省 13

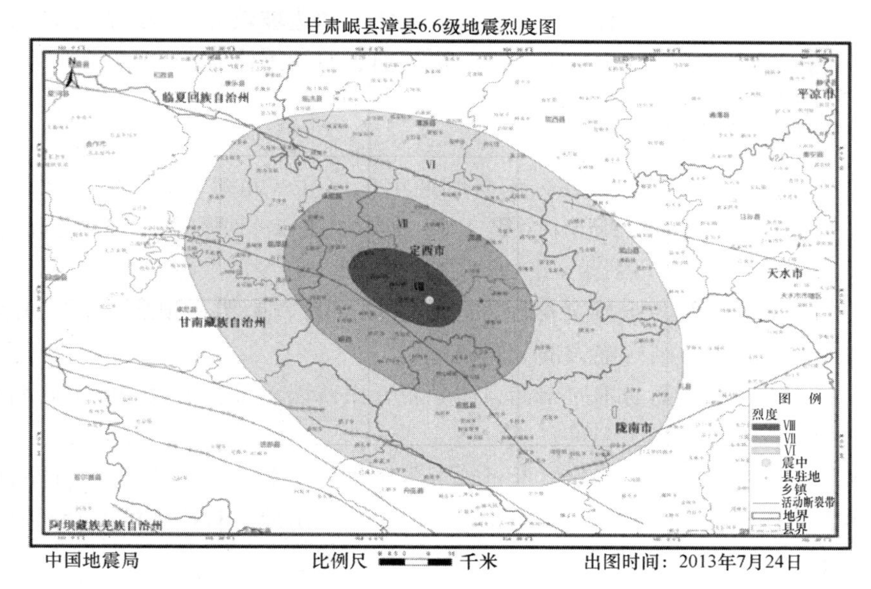

图 1.40　岷县漳县 6.6 级地震烈度分布

个县；灾区外围部分县市也受到地震波影响，造成个别居民点有少量破坏。

灾区房屋结构类型主要有土木、砖木、砖混和框架结构四种类型。框架结构房屋主要是县级政府、机关办公楼、学校和卫生院等公用建筑。其他建筑基本为土木、砖木和砖混三种结构。其中农居中土木和砖木结构房屋所占比例接近 90%，以农民自建房为主，多分布在乡镇。砖混结构房屋在灾区农居中不到 10%，并且基本按照当地基本设防烈度进行抗震设防，经过正规的设计和施工。本次地震不同烈度区内不同结构房屋破坏特点明显——经过正规设计和施工的房屋，尤其是甘肃省近五年建成的抗震安全农居，均经受了地震冲击，无一倒塌或严重破坏。

此次地震灾区山大沟深，黄土覆盖层较厚，次生地震地质灾害在Ⅷ度区广泛发育。由于灾区经济严重欠发达，农居中土木结构房屋所占比率高达 70%以上，致使在Ⅷ度区内大量倒塌和普遍严重破坏，加之黄土滑坡、崩塌导致的房屋掩埋，是造成此次地震严重人员伤亡的最主要原因。根据对此次地震的发震构造、灾区场地条件、不同结构房屋破坏和次生地震地质灾害的深入调查分析，针对灾区灾后重建和今后我国的抗震设防，岷县漳县 6.6 级地震有如下启示：

（1）灾区土木结构房屋分布很广，农居中土木和砖木结构房屋所占比例极高，接近 90%。极震区Ⅷ度区内土木结构房屋基本上是严重破坏或完全倒塌。发生在西北地区的历次地震和此次地震均证明，土木结构房屋在Ⅵ区即会发生中等程度破坏，其抗震性能差，且防雨、水能力弱。针对土木结构房屋的这一特点，并考虑此次地震灾区降雨较多，在灾后恢复重建中不宜再建设土木结构农居，而应建设砖混或砖木结构房屋。建设和地震部门应联合推出经济适用的抗震农居类型图集，对农民自建房屋给予技术指导。

（2）充分考虑灾区场地条件特点，科学指导重建农居的选址和地基处理。重视山体放大作用和边坡效应对农居选址的影响。由于灾区山大沟深，地质条件差，可供农民建房的地区极其有限。此次极震区内普遍存在山体放大作用和边坡效应，因此在重建农居选址中要尽量避免在山顶或山腰等孤突地形、高陡边坡前、后缘等位置。

1.3.28　2014年云南鲁甸地震

2014年8月3日16时30分在云南省昭通市鲁甸县（北纬27.1度，东经103.3度）发生6.5级地震，震源深度12km，余震1335次。如图1.41所示，震区建筑结构简易，抗震能力极差。

（1）土木结构：主要为土搁梁房屋即厚夯土墙简易木屋架瓦顶房，通常由夯土墙承重，抗震性能差，震区此结构绝大部分倒塌；

（2）砖木结构：砖墙简易木屋架瓦顶房，主要由砖墙承重（少数房屋由砖墙和木架承重），抗震性能差；

（3）多层砌体房屋：黏土砖砌体承重，混凝土楼、屋盖，大部分多层砌体房屋未设构造柱。因多数房屋没有正规设计和施工，施工质量差，房屋没有达到抗震设计要求，抗震性能低于其他地区同类建筑。

图1.41　地震灾害现场

1.4　房屋建筑地震震害经验与启示

1.3节简要回顾了1906年洛杉矶地震以来，国内外一些主要地震中建筑物破坏的情况。尽管每一次地震建筑物的破坏情况各有特点，但其中仍然不乏一些共性的、规律性的东西，而这些共性的、规律性的东西对今后进行工程抗震设计无疑具有重要的参考价值和指导作用。下面将就历次地震中建筑的破坏情况加以综合总结，将其中有规律性的震害归纳如下：

1. 场地地基方面

（1）断层错动、滑坡、地陷等地面变形对建筑物的破坏非常严重，工程场地选址时要注意避开抗震危险地段。

（2）砂土液化引起地基不均匀沉陷，导致上部结构破坏或整体倾斜。

（3）在具有深厚软弱冲积土层的场地上，高层建筑的破坏率显著增高。

（4）当建筑的基本周期与场地卓越周期相近时，破坏程度将因共振效应而加重。

2. 房屋体形方面

（1）平面复杂的房屋，如L形、Y形等，破坏率显著增高。

（2）有大底盘的高层建筑，裙房顶面与主楼相接处楼板面积突然减小的楼层，破坏程度加重。

（3）房屋高宽比值较大且上面各层刚度很大的高层建筑，底层框架柱因地震倾覆力矩引起的巨大压力而发生剪压破坏。

（4）相邻结构或毗邻建筑，因相互间的缝隙宽度不够而发生碰撞破坏。

3. 结构体系方面

（1）相对于框架体系而言，采用框-墙体系的房屋，破坏程度较轻，特别有利于保护填充墙和建筑装修免遭破坏。

（2）采用“框架结构＋填充墙”体系的房屋，在钢筋混凝土框架平面内嵌砌砖填充墙时，柱上端易发生剪切破坏；外墙框架柱在窗洞处因受窗下墙的约束而发生短柱型剪切破坏。

（3）采用钢筋混凝土板柱体系的房屋，或因楼板冲切破坏，或因楼层侧移过大柱顶、柱脚破坏，各层楼板坠落，重叠在地面。

（4）采用“底部框架＋上部砌体结构”体系的房屋，相对柔弱的底层，破坏程度十分严重；采用“框架结构＋填充墙”体系的房屋，当底层为开敞式时，框架间未砌砖墙，底层同样遭到严重破坏。

（5）采用单跨框架结构体系的房屋，因结构整体冗余度较少，强震作用下易发生整体倒塌。

4. 刚度分布方面

（1）采用L形、三角形等不对称平面的建筑，地震时因发生扭转振动而使震害加重。

（2）矩形平面建筑，电梯间竖筒等抗侧力构件的布置存在偏心时，同样因发生扭转振动而使震害加重。

5. 构件形式方面

（1）钢筋混凝土多肢剪力墙的窗下墙（连梁）常发生斜向裂缝或交叉裂缝。

（2）在框架结构中，绝大多数情况下，柱的破坏程度重于梁和板。

（3）钢筋混凝土框架，如在同一楼层中出现长、短柱并用的情况，短柱破坏严重。

（4）配置螺旋箍的钢筋混凝土柱，当层间位移角达到很大数值时多数核心混凝土仍保持完好，柱仍具有较大的竖向承载能力；形成对照的是，配置方形箍的钢筋混凝土柱，箍筋崩开，核心混凝土破碎脱落。

6. 非结构方面

（1）刚度较大的砖砌体填充墙平面布置不合理，易导致建筑平面刚度分布不均匀，发生扭转破坏；竖向布置不合理易导致建筑竖向刚度突变，产生薄弱楼层破坏；局部布置不合理，容易使框架柱形成短柱，产生剪切破坏。

（2）附着于楼、屋面的机电设备、女儿墙等非结构部分，地震时易倒塌或脱落伤人，设计时应采取与主体结构可靠的连接与锚固措施。

参考文献

[1] 黄世敏，杨沈．建筑震害与设计对策［M］．北京：中国计划出版社，2009.
[2] 魏柏林．地震与海啸［M］．广州：广东经济出版社，2011.
[3] （苏）M・图尔苏穆拉托夫著．柔性底层房屋的抗震性能［M］．自贡市建筑学会，自贡市建筑工程设计院，自贡市科技情报研究所，1987，09.
[4] 蒋纯秋．世界地震工程 100 年（1891－1991）编年简史（五）［J］．世界地震工程，1992.
[5] 许贤敏．从 1999 年土耳其大地震看钢筋混凝土结构的性能［J］．世界桥梁，2002，03：74-77.
[6] 周颖，吕西林．智利地震钢筋混凝土高层建筑震害对我国高层结构设计的启示［J］．建筑结构学报，2011，05：17-23.
[7] 秦松涛，李智敏，谭明，胡伟华，侯建盛，夏玉胜．青海玉树 7.1 级地震震害特点分析及启示［J］．灾害学，2010，03：65-70.
[8] 中日联合考察团（周福霖，崔鸿超，安部重孝，吕西林，孙玉平，李振宝，李爱群，冯德民，李英民，薛松涛，包联进）．东日本大地震灾害考察报告［J］．建筑结构，2012，04：1-20.
[9] 黄世敏，康艳博，于文．芦山地震建筑物震害及思考（一）［J］．建筑科学，2013，09：1-7.
[10] 王兰民，吴志坚．岷县漳县 6.6 级地震震害特征及其启示［J］．地震工程学报，2013，03：401-412.
[11] 非明伦，余庆坤，谢英情，卢永坤，邵文丽．鲁甸 5・6 级地震震害分析［J］．地震研究，2006，01：87-91.
[12] Jakim T. Petrovski. Damaging Effects of July 26，1963 Skopje Earthquake［J］. MESF Cyber Journal of Geoscience 2，1-16，2004.
[13] 中国建筑科学研究院．1976 年唐山大地震房屋建筑震害图片集［M］．北京：中国建筑工业出版社，1993.
[14] 王亚勇，白雪霜．台湾 921 地震中钢筋混凝土结构震害特征［J］．工程抗震，2001，23（1）.

第2章　场地原因引起的震害

2.1　断裂带

2.1.1　断裂带定义

断裂带亦称“断层带”，如图2.1所示，是由主断层面及其两侧破碎岩块以及若干次级断层或破裂面组成的地带。断层带的宽度以及带内岩石的破碎程度，决定于断层的规模、活动历史、活动方式和力学性质，从几米至几百米甚至上千米不等。一般压性活压扭性断层带比单纯剪切性质的断层带宽。在一些大型的断层带中，由于被后期不同方向的断层切错，和夹有一些未破碎的大型岩块，致使断层带的结构趋于复杂化，从而在近代的断层活动中容易形成运动的阻抗，是应力易于积累和发生地震的场所。

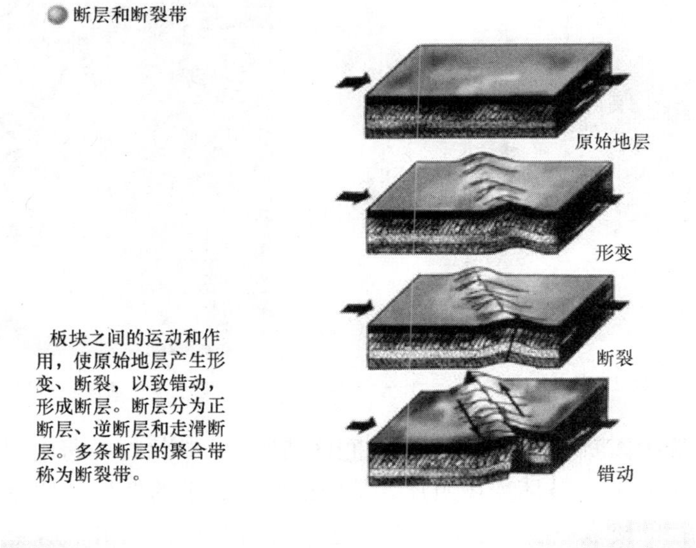

图2.1　断层和断裂带

2.1.2　断裂带的产生原因

（1）板块之间的运动和作用，使原始地层产生形变、断裂，以致错动，形成断层。多条断层的聚合带称为断裂带。断层是岩层的连续性遭受到破坏，沿断裂面发生明显的相对移动的一种构造现象。

（2）岩石受地应力作用，当作用力超过岩石本身的抗压强度时就会在岩石的薄弱地带发生破裂。断裂构造是岩石破裂的总称。

地震是地球内部物质运动的结果。这种运动反映在地壳上，使得地壳产生破裂，促成了断层的生成、发育和活动。“有地震必有断层，有断层必有地震”，如图 2.2 所示，断层活动诱发了地震，地震发生又促成了断层的生成与发育，因此地震与断层有密切联系。

2.1.3　断裂带引起的震害

位于地震断层的建筑，由于地震断错和地面强大振动，带内房屋毁灭性坍塌。如图 2.3 所示为地震后汶川县映秀镇的航拍照片。映秀镇处于龙门山中央主断裂带之上，是此次地震的震中位置，其地震影响烈度高达 11 度，区域范围内的房屋建筑遭受毁灭性破坏。

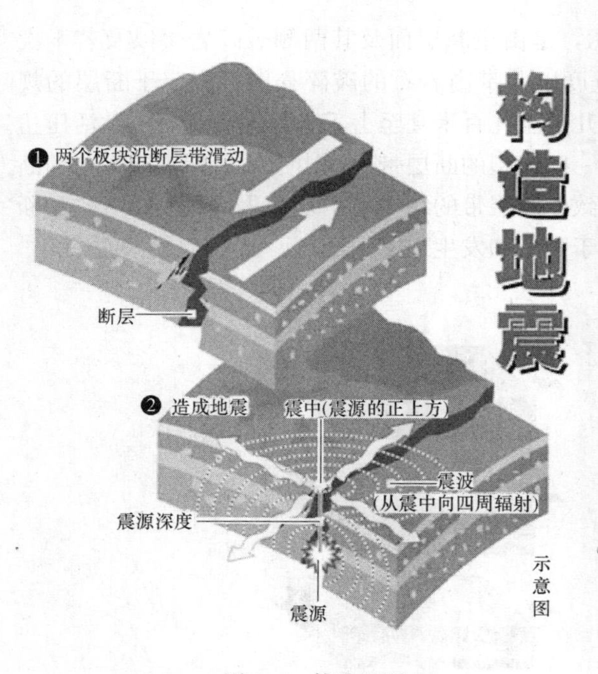

图 2.2　构造地震

图 2.3　地震后映秀镇航拍照片

图 2.4 为一栋距离断裂带最近约 2m 的底框结构及一栋恰好横跨断裂带的框架结构的破坏情况。图 2.4（*a*）为破坏现场照片，其中横跨断裂带的框架结构完全倒塌，梁柱体系失效，剩余残存的楼板一层一层叠合在一起；图 2.4（*b*）示出了房屋与断裂带的走向关系，其中断层为逆冲断层，下盘几乎没有错动，上盘相对下盘隆起约 3m 的高差；图 2.4（*c*）为底框结构的破坏情况，二层完全坍塌，上部楼层相对底层发生主要沿房屋纵向约合 1.5m 的水平错动。

白鹿中学由两栋砌体结构教学楼组成，经西南建筑设计研究院设计，于 2007 年 8 月竣工。如图 2.5（*a*）所示，左侧为四层的求知楼，右侧为三层的勤学楼，两栋教学楼间距约 20m，断裂带从两栋教学楼中间穿过，其大致走向如图 2.5（*b*）所示。经现场考查，地震发生时，位于求知楼所在的下盘几乎没有错动，而位于勤学楼所在的上盘发生逆冲错

(a) 现场破坏整体图

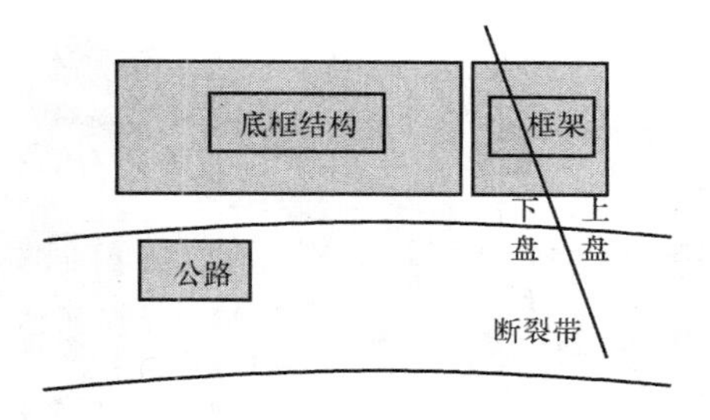

(b) 房屋与断裂带走向

(c) 底框结构破坏

图 2.4　映秀断裂带房屋破坏分析

动向上隆起约 3m 高，从而形成如图所示情况。

对两栋砌体结构教学楼进行实地考察，发现其结构设计合理，圈梁构造柱严格按照规范设计，这也是此两栋房屋在断裂带附近实现大震不倒的前提。细致考查发现，位于断裂带下盘的四层求知楼严重破坏，承重纵向窗间墙底层出现如图 2.5（*c*）所示的水平裂缝，其沿横向的最大水平错动达 2cm，而承重内横墙出现如图 2.5（*d*）所示的剪切斜裂缝；相比于求知楼严重破坏，位于断裂带上盘的勤学楼整栋楼仅发现一处裂缝。关于断裂带与结构破坏的关系，结合逆冲断层作用机理，针对白鹿中学分析，由求知楼纵向外墙主要出现水平裂缝、内横墙主要出现剪切裂缝，可推断地震波主要沿建筑物纵向破坏，进而得出如下结论，当仅考虑断裂带影响、且发生逆冲断层时，断裂带将主要产生朝向下盘的垂直于断裂带方向的地震破坏。

图 2.6 显示，位于彭州小鱼洞的断层出露地表穿越建筑群时势如破竹，在破裂线两侧 27m 范围内，建筑物全部倒塌；在 220 m 范围内，建筑中等至严重破坏。说明 2008 版《建筑抗震设计规范》要求在高烈度区丙类建筑对发震断裂的最小避让距离为 200～300m 是正确的。

2.1.4　设计对策

2010 版《建筑抗震设计规范》对建设选址提出了严格的限制，强调在危险地段“严禁建造甲、乙类的建筑，不应建造丙类的建筑”。所谓“危险地段”指的是“地震时可能

(a) 现场破坏整体图

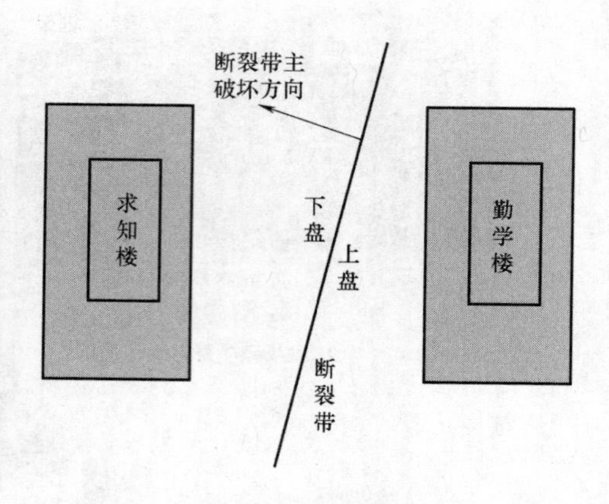

(b) 教学楼与断裂带走向

(c) 承重纵向窗间墙水平裂缝

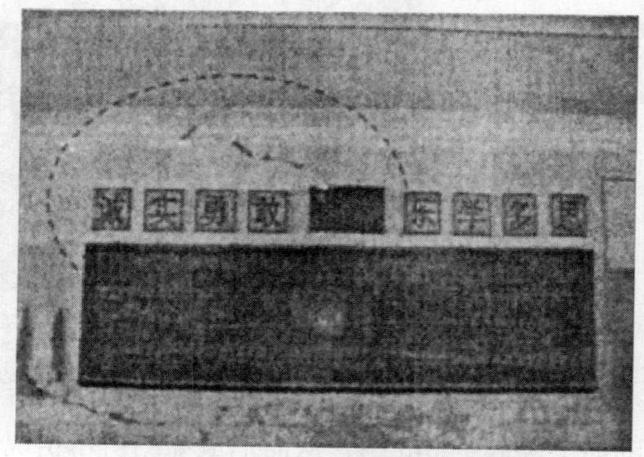

(d) 承重内横墙剪切裂缝

图 2.5　白鹿中学与断裂带关系

图 2.6　小鱼洞镇房屋破坏与断层距

发生滑坡、崩塌、地陷、地裂、泥石流等以及发震断裂带上可能发生地表错位的部位”。

《建筑抗震设计规范》4.1.7 条规定，当场地内存在发震断裂时，应对断裂的工程影响进行评价，并应符合下列要求：

1. 对符合下列规定之一的情况，可忽略发震断裂错动对地面建筑的影响：

(1) 抗震设防烈度小于 8 度；

(2) 非全新世活动断裂；

(3) 抗震设防烈度为 8 度和 9 度时，隐伏断裂的土层覆盖厚度分别大于 60m 和 90m。

2. 对不符合本条 1 款规定的情况，应避开主断裂带。其避让距离不宜小于表 2.1 对发震断裂最小避让距离的规定。在避让距离的范围内确有需要建造分散的、低于三层的丙、丁类建筑时，应按提高一度采取抗震措施，并提高基础和上部结构的整体性，且不得跨越断层线。

发震断裂的最小避让距离（m） 表 2.1

烈度	建筑抗震设防类别			
	甲	乙	丙	丁
8	专门研究	300	200	—
9	专门研究	500	300	—

对于非发震断裂，应该查明其活动情况。国家地震局工程力学研究所曾对云南通海地震以及海城、唐山地震中，相当数量的非活动断裂对建筑震害的影响进行了研究。对正好位于非活动断裂带上的村庄与断裂带以外的村庄，选择震中距和场地土条件基本相同的情况进行了震害对比。大量统计数字表明，两者房屋震害指数大体相同，表明非活动断裂本身对建筑震害程度无明显影响，所以，工程建设项目无需特意远离非活动断裂。不过，在建筑物具体选址时，不宜将建筑物横跨在断裂或破碎带上，以避免地震时可能因错动或不均匀沉降带来的危害。

2.2 山体滑坡

2.2.1 山体滑坡定义

山体滑坡（landslides）是指山体斜坡上某一部分岩土在重力（包括岩土本身重力及地下水的动静压力）作用下，沿着一定的软弱结构面（带）产生剪切位移而整体地向斜坡下方移动的作用和现象，俗称“走山”、“垮山”、“地滑”、“土溜”等，是常见地质灾害之一（图 2.7）。地质构造带之中，如断裂带、地震带等，通常地震烈度大于 7 度的地区，坡度大于 25°的坡体，在地震中极易发生滑坡；断裂带中的岩体破碎、裂隙发育，则非常有利于滑坡的形成。

2.2.2 山体滑坡的原因

就内外应力和人为作用的影响而言，在现今地壳运动的地区和人类工程活动的频繁地区是滑坡多发区。外界因素和作用，可以使产生滑坡的基本条件发生变化，从而诱发滑坡。

主要诱发因素有：地震、降雨和融雪、地表水的冲刷、浸泡、河流等地表水体对斜坡坡脚的不断冲刷；不合理的人类工程活动，如开挖坡脚、坡体上部堆载、爆破、水库蓄（泄）水、矿山开采等，还有如海啸、风暴潮、冻融等作用也可诱发滑坡。

就地震而言，其对滑坡的作用在于触发滑坡，促进滑坡的形成。其表现在以下两个方面：

（1）地震作用使斜坡体承受的惯性力发生改变，触发了滑动和流动。

（2）地震作用造成地表变形和裂缝的增加，减低了土石的力学强度指标，引起了地下水位的上升和径流条件的改变，进一步创造了滑坡的形成条件。

地震触发和促进的作用，造成了两种类型的滑坡。一方面，由于地震的触发作用，震时出现大量的滑坡；另一方面，地震使斜坡产生新的破坏，促使滑坡的形成，继地震后陆续发生，称为后发性滑坡。地震滑坡围绕地震的类型、强度等特性表现出鲜明的特点。

图 2.7　实际发生的山体滑坡系列照片

2.2.3　震害

山区建筑，由于山体滑坡和泥石流作用，引起建筑的倒塌或掩埋建筑物。如图 2.8 为地震后北川新县城照片，可以看出，地震导致了大量的山体滑坡，新县城几乎被滑坡体掩埋。图 2.9 为山体崩塌产生的巨大滚石，直接造成了建筑的破坏。

图 2.8　北川新县城几乎被滑坡掩埋

2.2.4　山体滑坡的防治措施

1. 山体滑坡的防治要贯彻“及早发现，预防为主；查明情况，综合治理；力求根治，

图 2.9 山体崩塌产生的巨大滚石，造成了建筑的破坏

不留后患”的原则，结合边坡失稳的因素和滑坡形成的内外部条件，治理滑坡可以从以下两个大的方面着手：

（1）消减水害。滑坡的发生常和水的作用有密切关系，水的作用往往是引起滑坡的主要因素，因此，消除和减轻水对边坡的危害尤其重要，其目的是：降低孔隙水压力和动水压力，防止岩土体的软化及溶蚀分解，消除或减小水的冲刷和浪击作用。具体做法有：防止外围地表水进入滑坡区，可在滑坡边界修截水沟；在滑坡区内，可在坡面修筑排水沟。在覆盖层上可用浆砌片石或人造植被铺盖，防止地表水下渗。对于岩质边坡还可用喷混凝土护面或挂钢筋网喷混凝土。排除地下水的措施很多，应根据边坡的地质结构特征和水文地质条件加以选择。常用的方法有：A 水平钻孔疏干；B 垂直孔排水；C 竖井抽水；D 隧洞疏干；E 支撑盲沟。

（2）改善边坡。通过一定的工程技术措施，改善边坡岩土体的力学强度，提高其抗滑力，减小滑动力。常用的措施有：①削坡减载，用降低坡高或放缓坡角来改善边坡的稳定性。削坡设计应尽量削减不稳定岩土体的高度，而阻滑部分岩土体不应削减。此法并不总是最经济、最有效的措施，要在施工前作经济技术比较。②边坡人工加固。常用的方法有：A. 修筑挡土墙、护墙等支挡不稳定岩体；B. 钢筋混凝土抗滑桩或钢筋桩作为阻滑支撑工程；C. 预应力锚杆或锚索，适用于加固有裂隙或软弱结构面的岩质边坡；D. 固结灌浆或电化学加固法加强边坡岩体或土体的强度；E. SNS 边坡柔性防护技术等；F. 镶补沟缝——对坡体中的裂隙、缝、空洞，可用片石填补空洞、水泥砂浆沟缝等防止裂隙、缝、洞的进一步发展。

2. 根据《建筑抗震设计规范》GB 50011—2010 第 4.1.8 条规定：**“当需要在条状突出的山嘴、高耸孤立的山丘、非岩石和强风化岩石的陡坡、河岸和边坡边缘等不利地段建造丙类和丙类以上建筑时，除保证其在地震作用下的稳点性外，尚应估计不利地段对设计地震动参数可能产生的放大作用，其水平地震影响系数最大值应乘以增大系数。其值应根据不利地段的具体情况确定，在 1.1～1.6 范围内采用。”第 4.1.9 条规定：“场地岩土工程勘察，应根据实际需要划分的对建筑有利、一般、不利和危险的地段，提供建筑场地类别和岩土地震稳定性（含滑坡、崩塌、液化和震陷特性）评价，对需要采用时程分析法补**

充计算的建筑，尚应根据设计要求提供土层剖面、场地覆盖层厚度和有关的动力参数。”

2.3　局部地形

2.3.1　局部地形定义

地震造成建筑物的破坏，情况是多种多样的。其一，是由于地震时的地面强烈运动，使建筑物在振动过程中，因丧失整体性或强度不足、或变形过大而破坏；其二，是由于水坝坍塌、海啸、火灾、爆炸等次生灾害所造成的；其三，是由于断层错动、山崖崩塌、河岸滑坡、地层陷落等地面严重变形直接造成的。前两种情况可以通过工程措施加以防治；而后一情况，单靠工程措施是很难达到预防目的的，或者代价昂贵。因此，选择工程场址时，应该进行详细勘察，搞清地形、地质情况，挑选对建筑抗震有利的地段；尽可能避开对建筑抗震不利的地段；任何情况下均不得在抗震危险地段上建造可能引起人员伤亡或较大经济损失的建筑物。

为此，我国现行的《建筑抗震设计规范》GB 50011—2010 第3.3.1条（强制性条文）明确规定：**“选择建筑场地时，应根据工程需要，掌握地震活动情况、工程地质和地震地质的有关资料，对抗震有利、不利和危险地段作出综合评价。对不利地段，应提出避开要求；当无法避开时应采取有效措施；对危险地段，严禁建造甲、乙类的建筑，不应建造丙类的建筑。”**对于抗震有利、不利和危险地段的评价与划分，《建筑震设计规范》GB 50011—2010 第4.1.1条给出了明确的划分标准（表2.2）。对建筑抗震不利的地段，就地形而言，一般是指条状突出的山嘴，高耸孤立的山丘和山梁的顶部、高差较大的台地边缘、非岩质的陡坡、河岸和边坡边缘；就场地土质而言，一般是指软弱土、易液化土、故河道、疏松的断层破碎带、暗埋的塘浜沟谷和半填半挖地基等平面分布上成因、岩性、状态明显不均匀的土层。

有利、一般、不利和危险地段的划分　　表2.2

地段类别	地质、地形、地貌
有利地段	稳定基岩，坚硬土，开阔、平坦、密实、均匀的中硬土等
一般地段	不属于有利、不利和危险的地段
不利地段	软弱土，液化土，条状突出的山嘴，高耸孤立的山丘，陡坡，陡坎，河岸和边坡的边缘，平面分布上成因、岩性、状态明显不均匀的土层（含故河道、疏松的断层破碎带、暗埋的塘浜沟谷和半填半挖地基），高含水量的可塑黄土，地表存在结构性裂缝等
危险地段	地震时可能发生滑坡、崩塌、地陷、地裂、泥石流等及发震断裂带上可能发生地表位错的部位

2.3.2　原因

1. 孤山效应

国内多次大地震的调查资料表明，局部地形条件是影响建筑物破坏程度的一个重要因素。图2.10为房屋震害指数与局部地形的关系曲线。1975年海城地震，在大石桥盘龙山高差58m的两个测点上收到的强余震加速度记录表明（图2.11），孤突地形上的地面最大加速度比坡脚平地上的加速度平均高出 1.84 倍。1970 年通海地震的宏观调查数据表明，位于孤立的狭长山梁顶部的房屋，其震害程度所反映的烈度比附近平坦地带的房屋约高出一度。2008 年汶川地震中，陕西省宁强县高台小学，由于位于近 20m 高的孤立的土台之上，地震时其破坏程度明显大于附近的平坦地带。

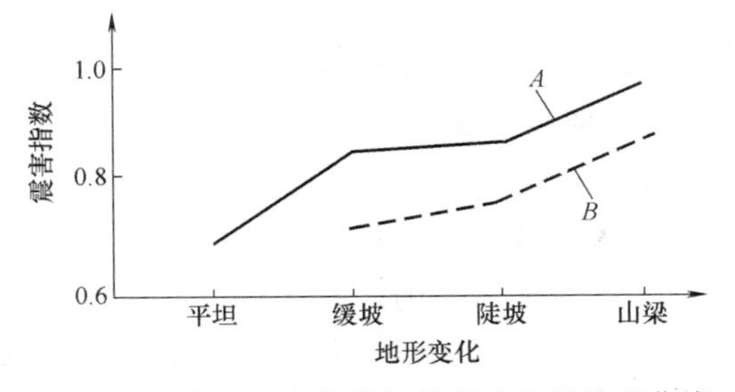

图 2.10　房屋震害指数与局部地形的关系曲线

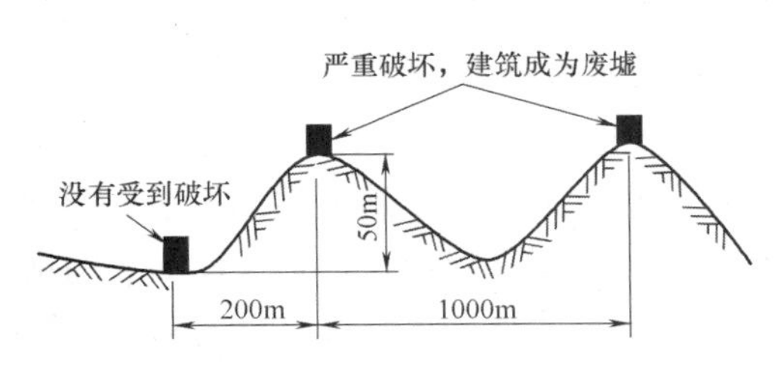

图 2.11　地理位置的放大作用

2. 土质边坡与台地边缘

1966 年邢台地震、1975 年海城地震、1976 年唐山地震和 2008 年汶川地震中均发现，河岸地面出现多条平行于河流方向的裂隙，河岸土质边坡发生滑移（图 2.12），坐落于该段河岸之上的建筑，因地面裂缝穿过破坏严重。另外，在历次地震震害调查中还发现，位于台地边缘或非岩质陡坡边缘的建筑，由于避让距离不够，地震时边坡滑移或变形引起建筑的倒塌、倾斜或开裂（图 2.13）。

图 2.12　2008 年汶川地震北川县城河岸边坡滑移

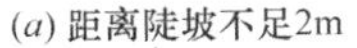

(*a*) 距离陡坡不足2m

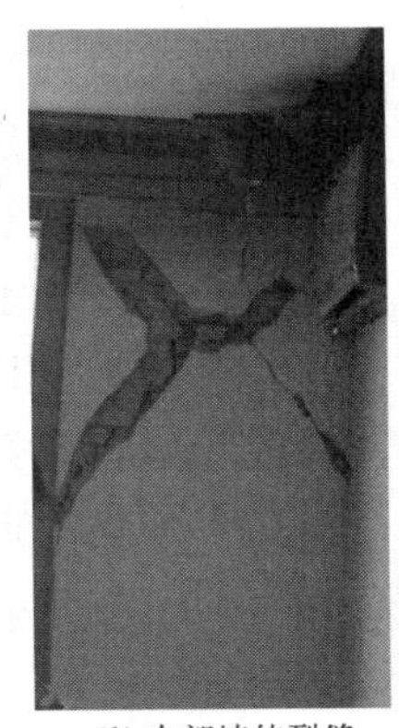

(*b*) 内部墙体裂缝

图 2.13　2008 年汶川地震某住宅楼因边坡避让距离不足导致的开裂破坏

2.3.3　抗震措施

针对上述局部地形相关的不利地段，我国《建筑抗震设计规范》GB 50011—2010 第 4.1.8 条明确给出了相应的设计对策，其条款具体内容见本书 2.2.4 节。

根据历次地震宏观震害经验和地震反应分析结果，局部突出地形地震反应的总体趋势大致可以归纳为以下几点：

（1）高突地形距离基准面的高度愈大，高处的反应愈强烈；

（2）离陡坎和边坡顶部边缘的距离愈大，反应相对减小；

（3）从岩土构成方面，在同样地形条件下，土质结构的反应比岩质结构大；

（4）高突地形顶面愈开阔，远离边缘的中心部位的反应明显减小；

（5）边坡愈陡，其顶部的放大效应相应加大。

基于以上变化趋势，以突出地形的高差 H、坡降角度的正切 H/L 以及场址距突出地形边缘的相对距离 L_1/H 为参数，归纳出各种地形的地震力放大作用如下：

$$\lambda=1+\xi\alpha \tag{2.1}$$

式中　λ——局部突出地形顶部的地震影响系数的放大系数；

α——局部突出地形地震动参数的增大幅度，按表2.3采用；

ξ——附加调整系数，同建筑场地离突出台地边缘的距离 L_1 与相对高差 H 的比值有关。当 $L_1/H<2.5$ 时，ξ 可取为1.0；当 $2.5\leqslant L_1/H<5$ 时，ξ 可取为0.6；当 $L_1/H\geqslant5$ 时，ξ 可取为0.3。L、L_1 均应按距离场地的最近点考虑。

局部突出地形地震影响系数的增大幅度　**表2.3**

突出地形的高度 H(m)	非岩质地层	$H<5$	$5\leqslant H<15$	$15\leqslant H<25$	$H\geqslant25$
	岩质地层	$H<20$	$20\leqslant H<40$	$40\leqslant H<60$	$H\geqslant60$
局部突出台地边缘的侧向平均坡降 (H/L)	$H/L<0.3$	0	0.1	0.2	0.3
	$0.3\leqslant H/L<0.6$	0.1	0.2	0.3	0.4
	$0.6\leqslant H/L<1.0$	0.2	0.3	0.4	0.5
	$H/L\geqslant1.0$	0.3	0.4	0.5	0.6

另外，针对山区建筑的震害情况，《建筑抗震设计规范》GB 50011—2010第3.3.5条明确规定，山区建筑的场地和地基基础应符合下列要求：

（1）山区建筑场地勘察应有边坡稳定性评价和防治方案建议，应根据地质、地形条件和使用要求，因地制宜设置符合抗震设防要求的边坡工程。

（2）边坡设计应符合现行国家标准《建筑边坡工程技术规范》GB 50330—2013的要求，其稳定性验算时，有关的摩擦角应按设防烈度的高低相应修正。

（3）边坡附近的建筑基础应进行抗震稳定性设计。建筑基础与土质、强风化岩质边坡的边缘应留有足够的距离，其值应根据设防烈度的高低确定，并采取措施避免地震时地基基础破坏。

2.4　泥石流

2.4.1　地震在泥石流形成中的作用

泥石流是山区所特有的一种突发性自然灾害，它以强烈的侵蚀、巨大的搬运和堆积能力给环境以深刻的影响，给山区经济建设和人民生命财产造成巨大损失和严重威胁。泥石流的形成受到区域地质、构造、地貌、气象和水文以及人文活动等诸多因素的影响，地震则是其中之一。

众所周知，全球地震主要集中分布在环太平洋山系和阿尔卑斯-喜马拉雅山系这两大地震带上。根据研究，世界上所有的泥石流、滑坡、崩塌等山地灾害几乎都分布在主要板块边缘上升山脉形成的构造和地震活跃带上，尤其是上述两大地震带。因此，在一定程度上，地震带或构造活跃带也就是泥石流活跃带。

（1）地震破坏山坡稳定性，为泥石流提供松散固体物质

地震为泥石流提供松散固体物质的主要方式是其引起的崩塌（岩崩、碎屑崩塌、雪崩和冰崩）以及滑坡。

（2）地震活动加剧沟谷侵蚀，有利于泥石流沟的发育和形成

地震是断裂构造活动的一种表现形式。一方面它促使老断裂的复活，另一方面又促使新断裂的产生。因此，在地震区和新构造运动活跃区内裂隙、节理、裂理、劈理发育，地层破碎，结果必然引起侵蚀作用加强。同时，由于地震引起的崩塌、滑坡、地裂和陷落的作用，使地表和植被遭受破坏，结果增强了暴雨对地表的片蚀和冲蚀，有利于细沟、切沟、冲沟和溪沟的产生，为泥石流的汇流和松散物质的产生和运移提供了有利条件。

（3）地震为泥石流形成提供动力条件

在雨季或潮湿的地方，当山坡上或坡脚有处于极限平衡状态的饱和土体时，在强烈震动下，这部分土体结构破坏，便转变为泥石流。

海震可引起大陆坡附近塌滑，扰动海水形成浑浊的海水团向深海流动，即浊流。这种流体与泥石流极为相似，运动时掏挖裹胁海底沉积物，给水下建筑设施带来极大危害。此外，地震触发的岩崩、冰崩、雪崩和滑坡体落入湖泊和水库中，引起坝体溃决，形成溃决性泥石流。

（4）地震为泥石流提供水源

在高山冰川区，地震引起的雪崩冰崩堆积于沟道，在高温天气下迅速消融，与冰碛物和沟床物质混合而成泥石流。地震引起的冰崩、雪崩和滑坡还经常堵塞沟道、河道，形成阻塞湖，湖坝溃决后形成泥石流，从而为泥石流提供了水源。强烈地震时，地下水受强烈挤压作用，沿着地震裂缝和某些节理、断裂带涌出地面，形成涌泉、喷砂、冒水，冲蚀沟床和坡脚松散物质而形成泥石流。

2.4.2 震害

以甘肃舟曲 2010 年 8 月 8 日特大山洪泥石流灾害为例。

5·12 汶川地震强度为里氏 8.0 级，破坏强度高，波及范围广。舟曲县是汶川地震灾区的一部分，强震导致舟曲县城周边山体大范围松动，岩层破碎。因此，汶川地震是造成舟曲县“8·8”特大山洪泥石流发生的重要影响因素之一。同时，舟曲县本身就处在地震活跃地带，位于西秦岭构造带西延部分，受印支、燕山和喜马拉雅山等多期造山运动影响，区内构造复杂，断裂发育，褶曲强烈，岩体松动破碎。

舟曲地区地质断裂主要表现为左旋走滑性质，兼有挤压逆冲活动，地质和地形条件屡屡发生改变，直接松动斜坡岩土体，破坏岩土体结构和稳定性，造成大面积的滑坡和崩塌，形成了巨量的松散固体物质，或堆积在山坡上，或进入沟道，成为形成泥石流的巨量固体物质来源。所以在地震的作用下，原始地应力和附加引力向软弱夹层或软弱面集中，伴随强降雨

的发生，沟道内堆积的大量松散泥沙石块产生滑动，易导致大规模泥石流灾害的发生。

图 2.14　舟曲县城“8·8”特大山洪泥石流灾后航空影像

2010 年 8 月 7 日 23～24 时，如图 2.14 所示，舟曲县城北部山区三眼峪、罗家峪流域突降暴雨，小时降水量达 96.77mm，半小时瞬时降水量达 77.3mm，但县城只是中雨。短临超强暴雨于 2010 年 8 月 8 日 0 时 12 分在三眼峪、罗家峪 2 个流域分别汇聚形成巨大山洪，沿着狭窄的山谷快速向下游冲击，沿途携带、铲刮和推移沟内堆积的大量土石，冲出山口后形成特大规模的山洪泥石流。在向 2km 外的白龙江奔流的过程中，造成月圆村和椿场村几乎全部被毁灭，三眼峪村和罗家峪村部分被毁，数千亩良田被掩埋。山洪泥石流冲入舟曲县城城区和白龙江后，造成多栋楼房损毁，河道被淤填长度约 1km，江面奎高回水使舟曲县城部分被淹，县城交通、电力和通信中断。

三眼峪泥石流出山口后，形成长约 2km、宽 170～270m（最宽 350m，城区 80m）、平均 200m 左右的堆积区，淤积厚度 2～7m，平均约 4m；罗家峪泥石流出山后，形成长约 2.5km、平均宽度约 70m 的堆积区，平均堆积厚度 2m（图 2.15）。泥石流冲进白龙江，形成堰塞湖，水位上升 10m 左右，淹没大半个县城，造成重大财产损失和人员伤亡（图 2.16～图 2.17）。

图 2.15　特大泥石流灾害后的三眼峪与罗家峪及舟曲县城

2.4.3　抵抗措施

（1）避开危险地段。根据《建筑抗震设计规范》GB 50011—2010 第 4.1.1 条规定，对建筑抗震危险的地段主要是指，地震时可能发生滑坡、崩塌、地陷、地裂、泥石流等以及发震断裂带上可能发生地表错位的部位。山区城镇建设必须吸取舟曲特大泥石流灾害、汶川地震灾区重建的经验教训，充分考虑泥石流、滑坡的危害，在山地灾害危险性与资源承载力评估的基础上，科学选址，统筹规划，避免将城镇、居民区建在泥石流、滑坡、山洪高危险区。

图 2.16　县城附近的村庄被夷为平地

图 2.17　受淹的舟曲县城

(2) 加强泥石流机理研究，提高泥石流预测、预警水平。当前极端气象（降雨）事件频发，泥石流发生频率高、规模大、危害对象广泛、损失巨大，必须加强泥石流成灾机理的研究，以地震重灾区、山区道路沿线、重大水电工程扰动区及山区重点城镇为研究区，分析极端降雨条件下泥石流成因、活动特征、成灾模式，为泥石流减灾提供支撑基础。

(3) 全面建设地质灾害监测预警网络和相应的工作体制、运行机制。对类似三眼峪、罗家峪等离县城一定距离的地质安全隐患，应建立无线遥测系统，一旦需要，立即启动地质灾害远程预警预报工作体系。

2.5　液化

2.5.1　液化的定义及其原因

土体液化是具有普遍意义的地震现象，对各类工程结构具有显著破坏作用，历来受到学术和工程界高度重视。美国政府每年拿几十亿美元应对可能的地震液化破坏，其危害性之大可见一斑。我国工程地质条件复杂，以往地震液化破坏现象普遍，未来地震形势严峻，研究液化机理、发展液化预测方法和防御技术对我国工程抗震设防具有重要意义。

处于地下水位以下的饱和砂土和粉土在地震时容易发生液化现象。砂土和粉土的土颗粒结构受到地震作用时将趋于密实，当土颗粒处于饱和状态时，这种趋于密实的作用使孔隙水压力急剧上升，而在地震作用的短暂时间内，这种急剧上升的孔隙水压力来不及消散，使原先由土颗粒通过其接触点传递的压力（亦称有效压力）减小。当有效压力完全消失时，则砂土与粉土处于悬浮状态之中，场地土达到液化状态。

影响场地土液化的因素主要有下列几个方面：①土层的地质年代；②土层土粒的组成与密实度；③砂土层埋置深度和地下水位深度；④地震烈度和地震持续时间。

2.5.2　主要震害特点

液化引起结构失稳的类型有：地基丧失承载力；液化土向低凹处流动，高孔压导致结构上浮；喷砂孔的形成以及导致侧向压力增加。当覆盖土层破裂，则受压水挟带砂粒喷出地面，出现喷砂冒水现象，常常导致建筑物产生大量不均匀沉降，造成建筑物开裂、倾斜或破坏。

1. 液化引起地面侧向大变形

地震过程中饱和砂土液化诱发的地面侧移是常见的地震破坏现象之一。该侧移是造成液化区内公路、铁路、房屋、桥梁、堤防、渠道、水利设施、地下管道、油井等震害破坏的最主要原因之一。1964 年新潟 7.5 级地震造成 Shinano 河两岸大面积液化、地裂，Yachiyo 桥、Showa 桥、Echigo 铁路桥、Kawagishi 桥、Seklya 桥等处地面最大位移达 12.71m，大多数用钢板桩或木桩做的护岸工程被破坏，大量的建筑物、桥梁、挡墙及生命线工程遭到严重破坏，图 2.18～图 2.19 为新潟地震地面液化引起的建筑物坍塌。

图 2.18　地面液化引起的建筑物坍塌

图 2.19　砂土液化使电线杆整排倾斜

2. 喷水冒砂

以汶川地震液化（图 2.20）为例，此次地震中较多水井被液化喷砂填埋。液化发生时，水井成为喷水冒砂的通道，造成了村民饮水的困难。液化场地上房屋均不同程度受损，其中结构性差的房屋直接倒塌；设有圈梁、构造柱的房屋，液化也会导致其整体倾斜、下沉、开裂。学校液化震害具有典型性，部分校区大面积液化，地裂缝纵横，地基严重不均匀沉降，主体结构开裂、倾斜，功能丧失。

本次液化震害具有 3 个显著特征：①只要液化出现的地方，震害均比周围重，没有减震现象；② Ⅵ度区不仅有液化现象，而且有明显的液化震害；③液化伴随地裂缝，是此次地震液化震害的主因。

就总体情况，此次地震液化场地 50%～60%的地表喷出物为粉砂、细砂。图 2.21 为绵竹市板桥镇兴隆村液化地表喷出物情况。该村四周为水田，其中一村民住宅室内喷砂，覆盖 5～10cm 厚的浅黄色细砂，地面错位 10～20cm，导致一后墙基础下沉，墙体水平沉降裂缝明显，主体结构受损严重。如图 2.22 所示，土门镇林堰村地表喷出物为浅黄色细

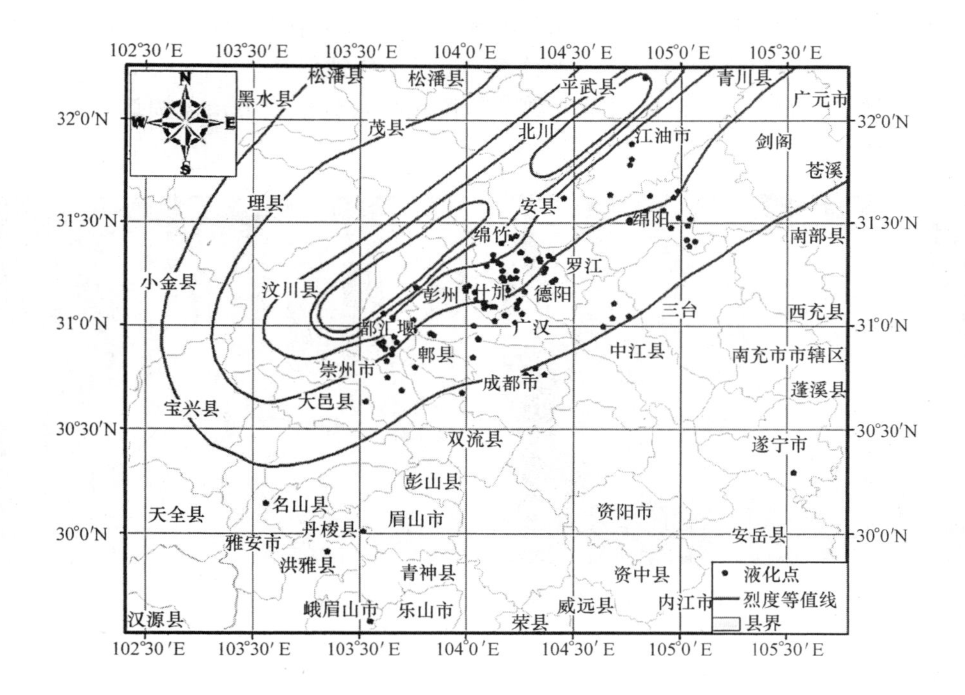

图 2.20　汶川大地震液化区分布

砂，村民打井 7～8m 能见地表喷出物，打井初见水位 6m。液化造成 2～3 亩水田开裂，裂缝长约 150m，用棍子往下捅 4m 仍碰不到底。水田中水全部从裂缝中流失，其中一水田下沉 30cm，喷水冒砂涌入水沟，水沟淤砂量 2～3m^3。整个村民小组房屋都有不同程度的裂缝，其中一居民院中地面错位 5～10cm。

图 2.21　板桥镇兴隆村地表喷出物——粉砂

图 2.22　土门林堰村地表喷出物——细砂

此外，此次地震液化场地 20%～30%的地表喷出物为中砂、粗砂。如图 2.23 所示，德阳市南丰镇毗卢小学喷砂为中砂，水柱高 3m，几分钟停止，砂量约 $5m^3$，地面下沉 20～30cm，教室地面隆起，墙体严重开裂。学校无喷水冒砂地方房屋损坏较轻，只有落瓦、少量微裂缝。

图 2.23　德阳市南丰镇毗卢小学地表喷出物——中砂

3. 地面塌陷

喷水冒砂后，地下往往被掏空，较容易形成坑陷。由于本次地震液化中，喷砂量相对较少，地面塌陷的形成条件不够成熟。调查发现，此次地震中十余个村庄有液化导致典型的塌陷现象出现，图 2.24 为地震时喷水冒砂后塌陷。在绵竹市祥柳村，主震时方圆 300 亩范围内农田有喷水冒砂现象，并出现直径 3～4m、深 1～2m 塌陷坑 8 处，坑边有砾石喷出，主震一两个月之后仍有新塌陷形成。

图 2.24　地震时喷水冒砂后塌陷

4. 地裂缝

本次地震液化中主要的特点之一，70%～80%的液化场地都伴有地裂缝产生，裂缝长短不一，从 100～200m 到数千米（图 2.25）。以往地震中，液化伴随着圆形和串珠式的喷砂孔较为普遍，但此次地震这一现象不多，伴有地裂缝的情况则更为普遍。正因为如此，此次地震中液化场地上的工程结构基本遭到破坏，如结构开裂和沉降等。也就是说，此次地震液化伴随地裂缝的普遍现象，使得此次地震液化对工程结构和基础设施基本上只有加重震害作用。像在唐山和海城地震中液化场地对房屋的减震作用，这次地震到目前为止还没有发现。

2.5.3 防治措施

我国现行抗震规范《建筑抗震设计规范》GB 50011—2010 4.3 节对液化现象作出了大量规定：

(1) 第 4.3.2 条规定，地面下存在饱和砂土和饱和粉土时，除 6 度外，应进行液化判别；存在液化土层的地基，应根据建筑的抗震设防类别、地基的液化等级，结合具体情况采取相应的措施。

图 2.25 裂缝中喷水冒砂

(2) 第 4.3.6 条规定，当液化砂土层、粉土层较平坦且均匀时，宜按表 2.4（即规范表 4.3.6）选用地基抗液化措施；尚可计入上部结构重力荷载对液化危害的影响，根据液化震陷量的估计适当调整抗液化措施。不宜将未经处理的液化土层作为天然地基持力层。

抗液化措施 **表 2.4**

建筑抗震设防类别	地基的液化等级		
	轻微	中等	严重
乙类	部分消除液化沉陷，或对基础和上部结构处理	全部消除液化沉陷，或部分消除液化沉陷且对基础和上部结构处理	全部消除液化沉陷
丙类	基础和上部结构处理，亦可不采取措施	基础和上部结构处理，或更高要求的措施	全部消除液化沉陷，或部分消除液化沉陷且对基础和上部结构处理
丁类	可不采取措施	可不采取措施	基础和上部结构处理，或其他经济的措施

2.6 结构与场地共振

2.6.1 结构与场地共振

场地土对于从基岩传来的入射波具有放大作用。从震源传来的地震波是由许多频率不同的分量组成的，而地震波中具有场地土层固有周期的谐波分量放大最多，使该波引起表土层的振动最为激烈。也可以说，地震动卓越周期与该地点土层的固有周期一致时，产生共振现象，使地表面的振幅大大增加。

在震害调查中，常见相邻的不同类型建筑有的倒毁、有的未破坏、甚至完好无损这种截然相反的现象。例如，1957 年 7 月 28 日墨西哥市的震害中，6～8 层和 11～16 层楼房几乎都破坏（两组层数大约相差一倍），而低层和 23 层以上的楼房几乎未破坏；又如 1978 年 7 月 28 日唐山地震，宁河县城建局大院内大型砖筒水塔彻底倒毁，而同院的两层三层相接的办公楼却未遭破坏，安然无恙（表 2.5）。这种反差强的选择性破坏很难用地基土质软硬差异来解释。从表 2.5 可知，受破坏的建（构）筑物有三个特点，一是高度较高，或体型、荷载大，或空间跨度大；二是几乎都建筑在松软地基上；三是由较远的大地震导致破坏。这三点都是形成共振的条件，后两点是形成长周期大振幅地震波的条件，第一点是具有长固有周期建（构）筑物的条件。

近几百年国内外共振震害个例　　**表 2.5**

时间	震中位置	震级 M_s	震中距（km）	震害地点	地基土	震害	破坏率（%）
1679-09-02	河北三河	8.0	约 60	北京	软土	德胜门、安定门和西直门城楼倒塌；北海琼岛白塔毁坏	
1957-07-28	墨西哥太平样沿岸	7.9	约 400	墨西哥市	淤泥（湖相）	6～8 层楼房破坏	100
						11～16 层楼房破坏（低层和仅有各 1 幢的 23 和 43 层楼房几乎没有破坏）	94
1967-03-17	河北河间市	6.3	约 120	天津	古河道填土	毛条厂砖烟囱（40m 高）上部 1/3 处震断	
1967-07-29	加勒比海	6.3	约 70	加拉加斯市（委内瑞拉）	淤泥（滨海相）	8～9 层楼房破坏 14～15 层楼房破坏 18～21 层楼房破坏	100 89 100
1975-01-05	辽宁海域	7.3	约 50	营口	软土	高烟囱破坏	
1976-07-28	唐山	7.8	约 45	天津 宁河县		城建局院内大型砖筒水塔倒毁（同院内三层办公楼却未破坏） 阎庄子大桥叠落震毁（相邻的砖砌库房无损）	
1985-09-19	墨西哥太平样沿岸	8.1	约 400	墨西哥市	淤泥（湖相）	14～22 高层建筑物大部分破坏（43 层的拉齐诺美洲塔和低层楼房未破坏）	
1989	洛马普列塔	7.1	90	旧金山	软土（滨海相）	海湾大桥塌落	
1994-02-16	苏门答腊里瓦地	7.0	750	新加坡	软土（滨海相）	震撼，新加坡高层建筑居民深夜仓皇出逃	
1995-01-17	日本宾库县南部海边	7.2		神户、大阪		高架桥很多震倒	

2.6.2　1985 年墨西哥地震概况分析

1. 震害特征

1985 年 9 月 19 日，墨西哥城 Michoacam 发生里氏 8.1 级地震。距震中 400km 处的墨西哥城出现了严重震害，部分地区烈度达到9度，地面摇动强烈，地震引起许多建筑物基础产生非常大的沉陷和倾斜，不仅建筑物倒塌，而且建筑物的上部结构亦遭到破坏。其破坏程度大大超过该城市周围地区，比震中区造成的灾害还要重。墨西哥国立自治大学地球物理系 Lomnit 博士对那次大地震后的灾情作了调查，指出地震中各破坏模式的一般比例为：墨西哥城371座建筑物倒塌，而且一般顶部被破坏，这部分比例大约占40%；另外38%在中间部位的楼层遭到破坏；22%在底部遭到破坏。瑞雷波在墨西哥城湖床地区有一个900m或大于500m的波长。墨西哥国立自治大学工程研究所在地震后作的调查也显示：墨西哥城中心区的所有9～12层建筑物中的13.5%遭到严重损害，见图2.26。无独有偶，中高层建筑在中间楼层的破坏在日本阪神地震中也十分突出。由唐山地震时记录的资料可知，地表下有低剪切波速的淤泥质夹层地区的震害较其他地区重。

图2.26 1985年墨西哥地震建筑系列震害

2. 地震动特性

这次地震在墨西哥城记录到的地震加速度峰值只有0.18g（中等强度），但振动时间长，持续近 2min，而且是周期约 2s 的简谐振动。这次地区性震动破坏最严重的是周期为 0.8～1.0s 的 5～15 层的建筑物，震害主要集中在自振周期较长的中高层建筑和桥梁等工程结构物上。地震时建筑物构件的自振周期在振动中随着破裂和屈服过程增大并接近地震卓越周期（2s）。图 2.27 表示 1985 年 9 月 19 日墨西哥地震时墨西哥市地面和建筑物的加速度反应谱，可以看出，地震动的加速度峰值所在周期为 2s 左右，当阻尼系数（衰减率）为 0.02 时，建筑物的加速度有 3 个超过 8 m/ s^2 的峰值，第一个位于 0.7s 左右，第二个位于 2.0 s，第三个位于 2.6s。长时间的振动和累积损伤，加剧了结构的振动反应并引起房屋的共振，最终导致房屋破坏或倒塌。地震动的卓越周期、地震持时、建筑物的自振周期及结构性质等决定了震灾程度。如果地震波所具有的卓越周期与建筑物的固有周期相一致，振动时间长，盆地效应引起场区地基土放大地震波作用，则建筑物会由于共振作用产生较大振动，最终使结构遭到严重破坏，灾害程度加重。这是因为地震中场区地基土的特征周期与高层建筑的自振周期接近时，在地震波长周期分量作用下极易产生共振所致。

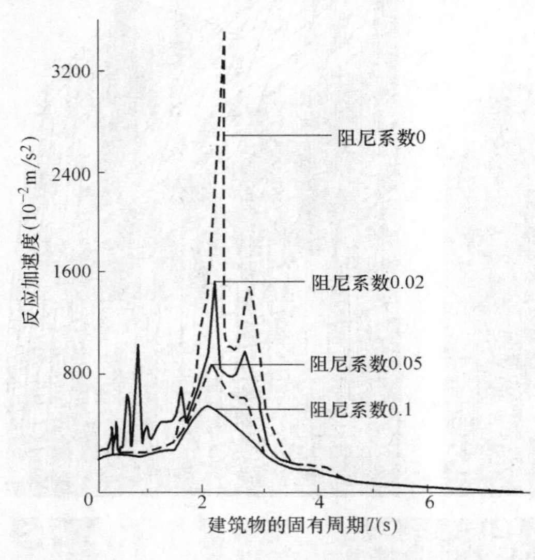

图 2.27 墨西哥地震加速度反应谱，表示不同固有周期和阻尼系数建筑物的加速度

墨西哥城不同地质分区上的加速度强震仪记录到的地震动最大水平加速度数据显示：山区振动最小（15cm/s^2），湖区的振动最强（168 cm/s^2），两者相差 10 倍，介于两者之间的过渡区一般在 40～50 cm/s^2。地震破坏对场地土有选择性，湖区的软弱土振动最强，故而造成地震波放大使地基失效，加重地震烈度，导致建在古湖床区即现墨西哥城闹市区域的中高层建筑物遭到严重破坏，而低层房屋破坏较少，23 层以上的也未遭破坏。在强烈振动作用下，当松散土层的应变加大时，其阻尼比增加变缓，从而使地面振动加剧，振动持续时间加长，震害随之加重。

如果了解了墨西哥城软土的特殊工程地质性质，在动荷载条件下获得土的应力-应变性质方面的基本资料，我们就不难理解“盆地-场地土-地震波之间的耦合效应及墨西哥软土是造成地震灾难”的论点。

2.6.3 结构与场地共振防治对策

选择抗震有利的建筑场地和地基能有效预防结构与场地共振产生的严重震害。选择抗震有利的建筑场地和地基时应注意以下几点：

（1）选择薄的场地覆盖层

对于柔性建筑，厚土层上的震害重，薄土层上的震害轻，直接坐落在基岩上的震害更轻。

（2）选择坚实的场地土

震害表明，场地土刚度大，则房屋震害指数小，破坏轻；刚度小，则震害指数大，破坏重。故应选择具有较大平均剪切波速的坚硬场地土。

（3）将建筑物的自振周期与地震动的卓越周期错开，避免共振

震害表明，如果建筑物的自振周期与地震动的卓越周期相等或相近，建筑物的破坏程度就会因共振而加重。

（4）采取基础隔震或消能减震措施

利用基础隔震或消能减震技术改变结构的动力特性，减少输入给上部结构的地震能量，从而达到减小主体结构地震反应的目的。

参考文献

[1] 黄世敏，罗开海．汶川地震建筑物典型震害探讨［A］．中国科学技术协会．中国科学技术协会2008防灾减灾论坛专题报告［C］．2008，12.

[2] 王哲，李碧雄，王旋等．根据汶川地震探讨断裂带与建筑物桥梁的震害关系［J］．甘肃科技，2009，25（4）：108-110.

[3] 中华人民共和国国家标准．建筑抗震设计规范 GB 50011—2010［S］，北京：中国建筑工业出版社，2010.

[4] 王亚勇．概论汶川地震后我国建筑抗震设计标准的修订［J］．土木工程学报，2009，42（5）：1-12.

[5] 黄世敏，杨沈．建筑震害与设计对策［M］．北京：中国计划出版社，2009.

[6] 中华人民共和国国家标准．建筑边坡工程技术规范 GB 50330—2002［S］．北京：中国建筑工业出版社，2002.

[7] 李爱群，高振世，张志强．工程结构抗震与防灾［M］．南京：东南大学出版社，2012.

[8] 马东涛，石玉成．试论地震在泥石流形成中的作用［J］．西北地震学报，1996，04：39-43.

[9] 胡凯衡，葛永刚，崔鹏，郭晓军，杨伟．对甘肃舟曲特大泥石流灾害的初步认识［J］．山地学报，2010，05：628-634.

[10] 赵成，王根龙，胡向德，李瑞冬，朱立峰，于国强．“8.8”舟曲暴雨泥石流的成灾模式［J］．西北地质，2011，03：63-70.

[11] 袁晓铭，曹振中．汶川大地震液化的特点及带来的新问题［J］．世界地震工程，2011，27（1）：1-8.

[12] 蔡晓光，范丽远．地震液化引起地面侧向大变形研究评述［J］．防灾科技学院学报，2010，01：11-16.

[13] 许涛涛．汶川地震液化特征及其与场地工程地质条件关联性研究［D］．东华理工大学 2013.

[14] 曹振中，袁晓铭，陈龙伟，孙锐，孟凡超．汶川大地震液化宏观现象概述［J］．岩土工程学报，2010，04：645-650.

[15] 严新育．高大建［构］筑物的共振震害［J］．地震学刊，1999，02：37-46.

[16] 袁丽侠．场地土对地震波的放大效应［J］．世界地震工程，2003，01：113-120.

[17] Mendoza M J，Auvinet G. The Mexico earthquake of September 19，1985，behavior of building foundation in Mexico City［J］. Earthquake Spectra，1998，(4)：835-853.

[18] 笠原庆一．防灾工程学中的地震学［J］．北京：地震出版社，1992.

[19] 邵力新等．软弱地基处理方法的抗震研究［J］．地基处理，1995，(3)：42-46.

[20] Eduardo R. Mario O. Spectra ratios for Mexico City from free-field recording［J］. Earthquake Spetra，1999，(2)：273-295.

第 3 章　建筑体型原因引起的震害

3.1　建筑的不规则性

3.1.1　建筑结构的规则性

建筑结构的规则性对抗震能力重要影响的认识始自于现代建筑在强震中的表现。历次地震的震害经验表明，在同一次地震中，体型复杂的房屋比体型规则的房屋容易破坏，甚至倒塌。因此，建筑方案的规则性对建筑的抗震安全性十分重要。

这里的“规则”包含了对建筑的平、立面外形尺寸、抗侧力构件布置、质量分布直至承载力分布等诸多因素的综合要求。规则的建筑方案体现在平面、立面形状简单；抗侧力体系的刚度上下变化连续、均匀；平面布置基本对称，即在平面、立面、竖向剖面或抗侧力体系上，没有明显的实质性的不连续（突变）。“规则”的具体界限随结构类型的不同而异，需要建筑师和结构工程师互相配合，才能设计出抗震性能良好的建筑。

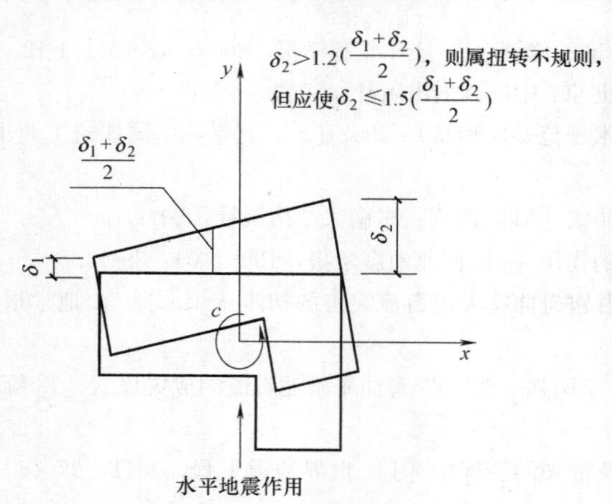

图 3.1　建筑平面扭转不规则的定义

关于规则和不规则的区分，《建筑抗震设计规范》GB 50011—2010 第 3.4.2 条规定了一些定量的界限：

1. 平面不规则（见表 3.1）

平面不规则的主要类型　　**表 3.1**

不规则类型	定义和参考指标
扭转不规则	在规定的水平力作用下，楼层的最大弹性水平位移或（层间位移），大于该楼层两端弹性水平位移（或层间位移）平均值的 1.2 倍
凹凸不规则	平面凹进的尺寸，大于相应投影方向总尺寸的 30%
楼板局部不连续	楼板的尺寸和平面刚度急剧变化，例如，有效楼板宽度小于该层楼板典型宽度的 50%，或开洞面积大于该层楼面面积的 30%，或较大的楼层错层

（1）扭转不规则的判别（见图 3.1）：

（2）凸凹不规则的判别（见图 3.2）：

（3）楼板局部不连续的判别（见图 3.3）

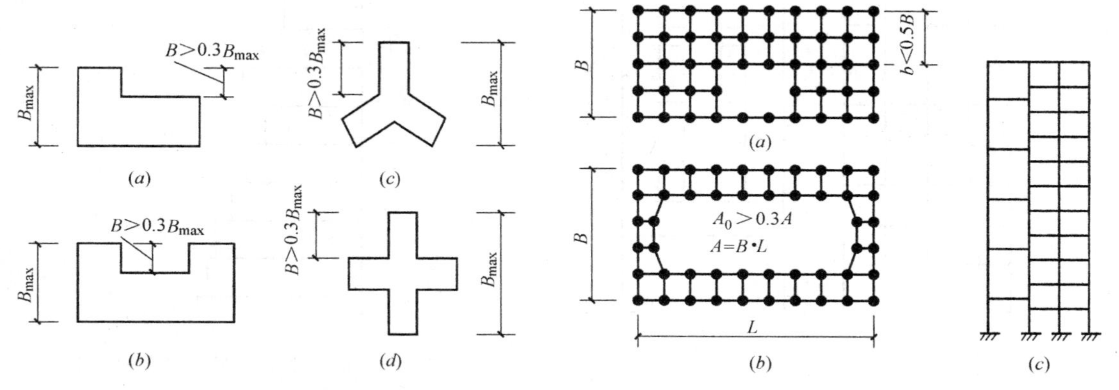

图 3.2 建筑平面凸凹不规则的定义

图 3.3 建筑平面楼板局部不连续的定义

2. 竖向不规则（见表 3.2）

竖向不规则的主要类型 **表 3.2**

不规则类型	定义和参考指标
侧向刚度不规则	该层的侧向刚度小于相邻上一层的 70%，或小于其上相邻三个楼层侧向刚度平均值的 80%；除顶层或出屋面小建筑外，局部收进的水平向尺寸大于相邻下一层的 25%
竖向抗侧力构件不连续	竖向抗侧力构件（柱、抗震墙、抗震支撑）的内力由水平转换构件（梁、桁架等）向下传递
楼层承载力突变	抗侧力结构的层间受剪承载力小于相邻上一楼层的 80%

（1）侧向刚度不规则的判别（见图 3.4）

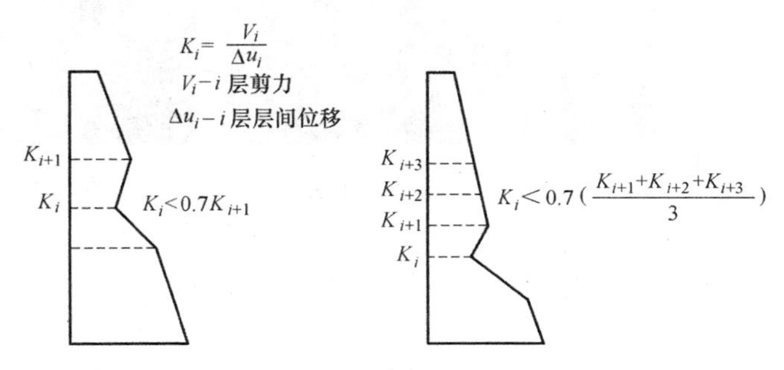

图 3.4 竖向刚度不规则的定义

（2）竖向抗侧力构件不连续的判别（见图 3.5）

（3）楼层受剪承载力突变的判别（见图 3.6）

3.1.2 建筑不规则性引起的震害

1. 茂县某住宅楼

茂县某住宅楼建于 2001 年，为纵横墙共同承重的砌体结构房屋。建筑层数为 6 层，

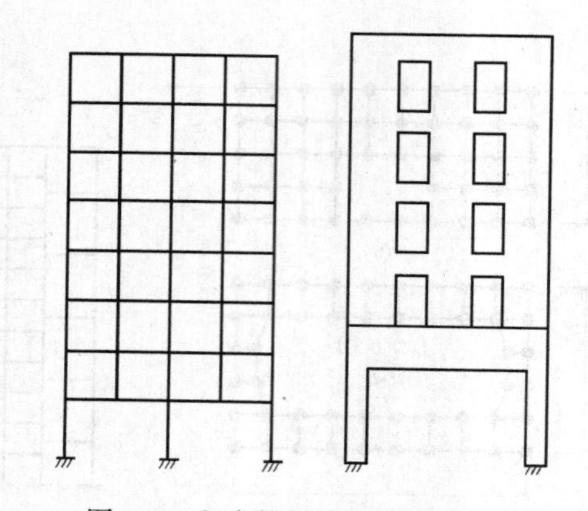

图 3.5　竖向抗侧力不连续的定义

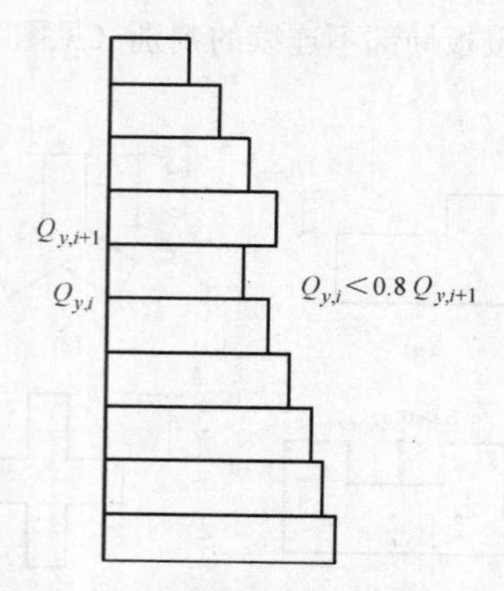

图 3.6　楼层受剪承载力突变的定义

采用现浇混凝土楼、屋盖，条形基础，平面布置呈 L 形，房屋平面示意图见图 3.7。由设计资料知，该房屋凸出部分尺寸占典型尺寸的 42.5%。“5·12” 汶川地震后，一层全部纵、横墙体出现严重的水平裂缝、斜裂缝、交叉斜裂缝（见图 3.8），墙体在裂缝处错动，部分墙体歪闪；端部（图 3.7 中 1 处）构造柱混凝土崩落、钢筋压屈（见图 3.9）。二层大多数纵横墙出现明显的水平裂缝、斜裂缝及交叉斜裂缝，部分墙体出现严重裂缝、错动、歪闪。3～6 层部分纵横墙出现轻微的水平裂缝、斜裂缝；部分窗下墙出现明显的斜裂缝。个别楼板出现明显的裂缝。该房屋在图 3.7 中 A 部分破坏较其他部分更严重些。

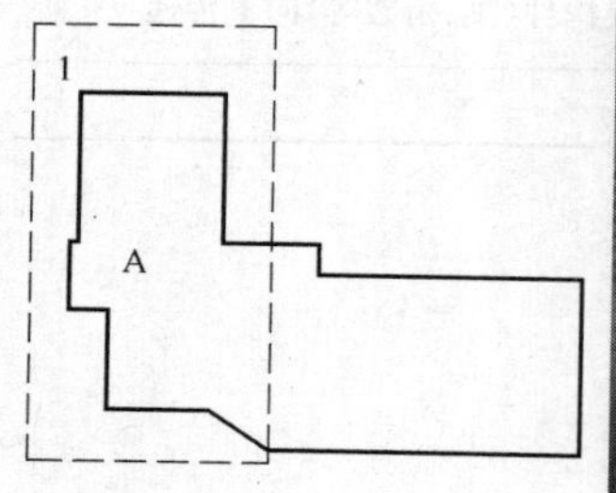

图 3.7　房屋平面示意

图 3.8　纵、横墙水平裂缝

图 3.9　构造柱破坏

2. 日本神户 A 公寓

（1）建筑物概况

该建筑物位于神户市中央区，1965 年竣工。地上 10 层，地下局部 1 层地下室，屋顶局部突出屋面 2 层。1 ～ 3 层用于店铺和办公，4 ～ 10 层为公寓。建筑物平面如图 3.10 所示，东西两幢楼由伸缩缝断开。该楼总高度 30.4m，1 层高 4.0m、2 层高 3.3m、3 层高 3.8m、4 ～ 10 层高 2.7m。该建筑物采用钢筋混凝土框架-剪力墙结构，由图 3.10 可见，西楼 4 ～ 10 层每榀单跨框架内都布置了剪力墙；1 ～ 3 层东楼东侧部有些轴线没有剪力墙，东侧部布置了 5 榀框支剪力墙；西楼西侧部布置了许多落地剪力墙。

（2）结构震害

1995 年阪神大地震中，西楼第 3 层东侧部倒塌（图 3.11），7 ～ 11 轴柱的破坏程度达到最严重的 5 级（倒塌或很严重的残余变形）；西楼第 3 层西侧部柱破坏程度从 1 级～4 级，详见图 3.12。西楼第 4 层东侧也严重破坏，向西倾斜 100cm；第 4 层的西侧破坏程度为 3 级和 3 级以下。西楼纵向（东西向）的柱因与窗间墙相连形成短柱，4～9 层破坏程度为 4 级。东、西楼之间的伸缩缝处严重破坏。东楼没有发生崩坍。

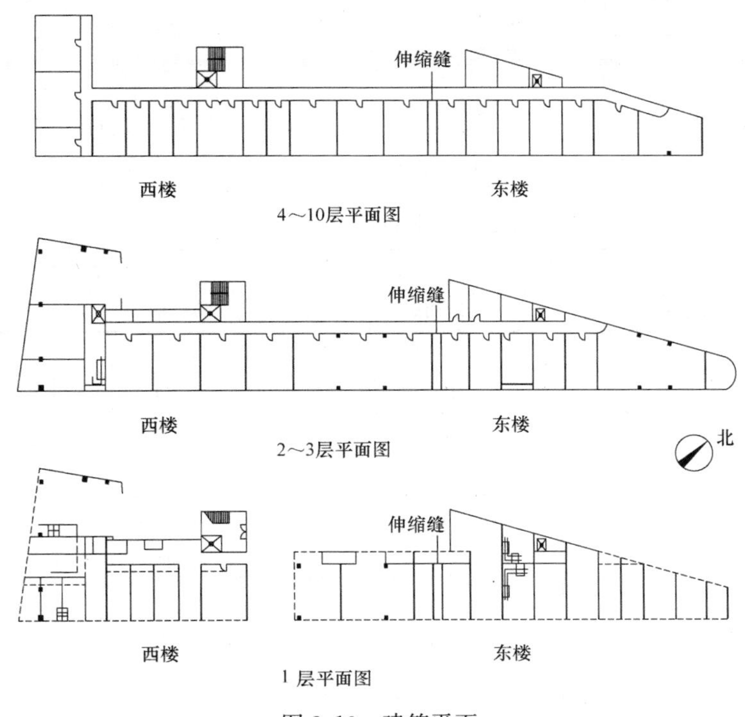

图 3.10　建筑平面

（3）分析与启示

西楼严重破坏的主要原因是刚度偏心。该建筑物西楼框支层（1～3 层）的层刚度与上部楼层（4～10 层）层刚度相比，不但没有减弱，还大于上部楼层刚度，但框支层剪力墙布置严重偏心。西楼西部有相当多的落地剪力墙，但 1～3 层的东侧仅布置了 5 片框支剪力墙，使框支层（1～3 层）偏心率很大，地震中扭转效应大，加剧了原本薄弱的框支柱的破坏。表 3.3 列出了西楼各层的计算偏心率，由表可见，1～3 层的偏心率远大于 4～10 层的偏心率。东楼的刚度偏心比较小，这也许是东楼仅发生中等破坏的原因之一（详见表 3.4）。部分框支剪力墙结构设计中，除注意控制刚度不产生突变外，还必须注意控制刚度偏心的程度。

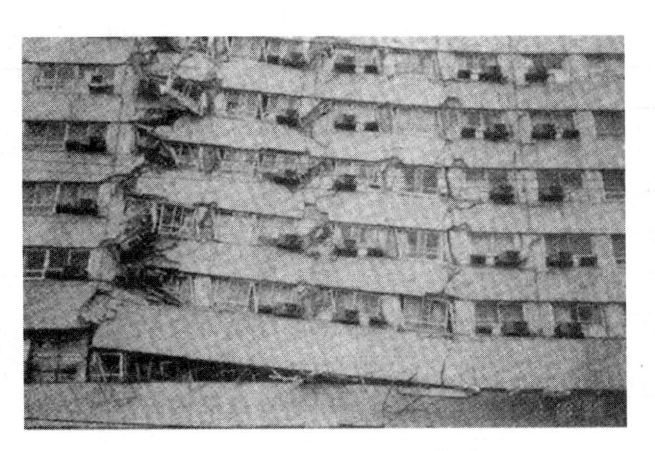

图 3.11　西楼东侧第 3 层坍落

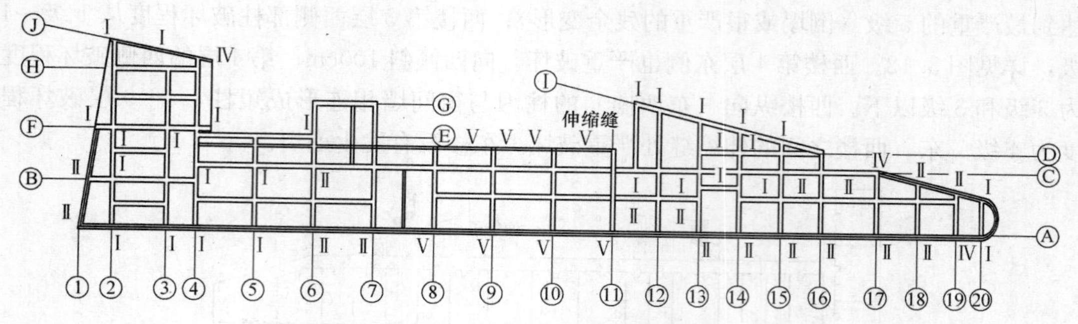

图 3.12　第 3 层各柱破坏等级

建筑物西楼的刚度、偏心率　　**表 3.3**

层	X 方向(纵向)		Y 方向(横向)	
	偏心率	刚度相对值	偏心率	刚度相对值
10	0.101	0.64	0.130	0.97
9	0.054	0.62	0.069	0.87
8	0.023	0.62	0.079	0.85
7	0.004	0.63	0.089	0.85
6	0.012	0.68	0.090	0.89
5	0.034	0.73	0.098	0.93
4	0.019	0.85	0.036	1.05
3	0.154	1.27	0.715	0.98
2	0.217	1.47	0.998	1.01
1	0.229	2.49	0.755	1.62

建筑物东楼的偏心率　　**表 3.4**

层	X 方向(纵向)	Y 方向(横向)
10	0.178	0.434
9	0.077	0.538
8	0.070	0.544
7	0.065	0.555
6	0.059	0.562
5	0.046	0.552
4	0.091	0.587
3	0.090	0.820
2	0.012	0.663
1	0.014	0.347

对于竖向不规则的结构，在地震地面运动作用下，建筑物的损伤破坏首先会出现在结构侧向抗侧力系统的薄弱部位，薄弱部位的损伤破坏会进一步加剧结构抗震性能的退化，从而导致结构整体的失稳或倒塌。建筑物的薄弱部位主要来源于结构配置的缺陷或不规

则，如结构或构件不规则的几何尺寸、软弱的楼层、质量过分集中以及不连续的侧向抗侧力单元。

3. 美国 Holy Cross 医院主楼

（1）建筑物概况

Holy Cross 医院主楼地面以上 7 层，有一层地下室，基础采用桩基。结构布置有框架和剪力墙，设计中抗侧力体系为钢筋混凝土剪力墙，而框架柱仅考虑承受竖向荷重。结构的南北向及东西向都布置了剪力墙，墙厚 203mm，建筑物西部 E 轴及东部 N 轴有较多剪力墙竖向不连续，不连续的墙依靠楼盖的梁支承，由楼板传递剪力。该建筑的东西向外周边布置了钢筋混凝土柱（截面尺寸 406 mm × 813mm），南北向外周边及建筑物中部也布置了若干钢筋混凝土柱。楼盖结构采用南北向密肋梁板体系，梁高 356mm，平均梁宽 180mm，平均梁间距 950mm，楼板厚 76mm。建筑外周边柱之间有裙梁，梁高约 1220mm、梁宽 200mm，裙梁与柱的内侧边连接。楼盖结构采用轻质混凝土，圆柱体轴心抗压强度 f'_c= 20.7MPa；剪力墙和柱采用普通混凝土，f'_c=34.5MPa。实际施工中，墙、柱竖向构件的楼盖部位夹杂灌注了 20.7MPa 的轻混凝土。钢筋强度 f_s=138MPa。结构布置见图 3.13。

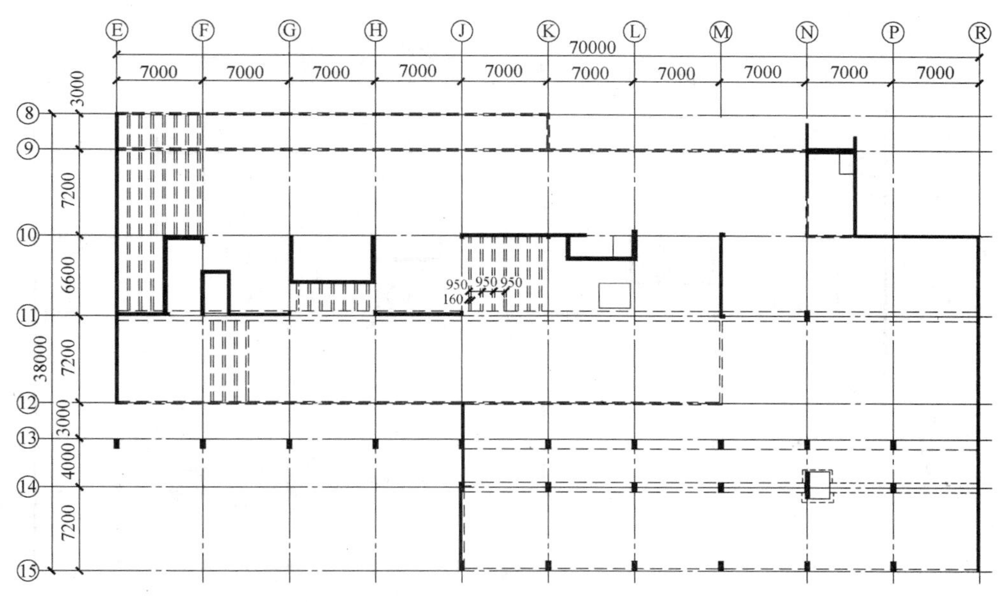

图 3.13 Holy Cross 医院首层平面

（2）结构震害

1971 年 2 月 9 日美国加利福尼亚州圣费南多发生里氏 6.4 级地震。估计 Holy Cross 医院地面运动最大加速度约在 0.4g～ 0.5g 之间。

结构主要震害如下：

① 建筑物西边 E 轴剪力墙在 2 层及 3 层楼板以下不连续（见图 3.14），需通过 2、3、4 层楼板进行水平力的重分配，这几层楼板受力较大，在 E 轴和 F 轴之间产生严重裂缝

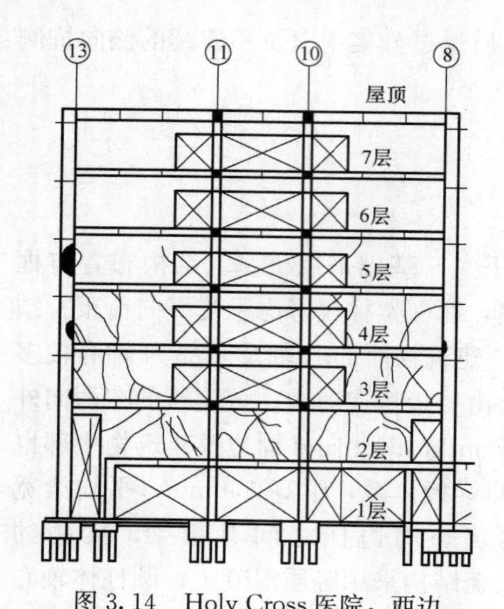

图 3.14　Holy Cross 医院，西边 E 轴墙剖面

（见图 3.15、图 3.16）。E 轴剪力墙在第 2、3、4 层出现剪切裂缝（见图 3.14），在第 3 层楼面处剪力墙沿着夹杂轻质混凝土的楼面处开裂，E/11 轴柱在第 3 层楼板处破坏。E/10 轴也有破坏（图 3.14）。E/12 轴 1 层框支柱破坏。

② 建筑物东部 N 轴南侧一片剪力墙在第 3 层楼面以下不连续，该片剪力墙两端的 2～5 层严重开裂（图 3.17），南端在第 4 层楼面处破坏，墙端柱混凝土破碎、箍筋断开，纵向筋搭接部位脱开（见图 3.18）。

③ 建筑物东西向（纵向）剪力墙出现 X 形剪切裂缝（见图 3.19）。

④ 南北向（横向）柱出现剪切裂缝，在第 2、3、4 层最严重，4 层以上减轻（见图 3.14）；东西向（纵向）外框架裙梁压坏，柱的保护层剥落、纵筋外鼓，在第 3 层最严重。

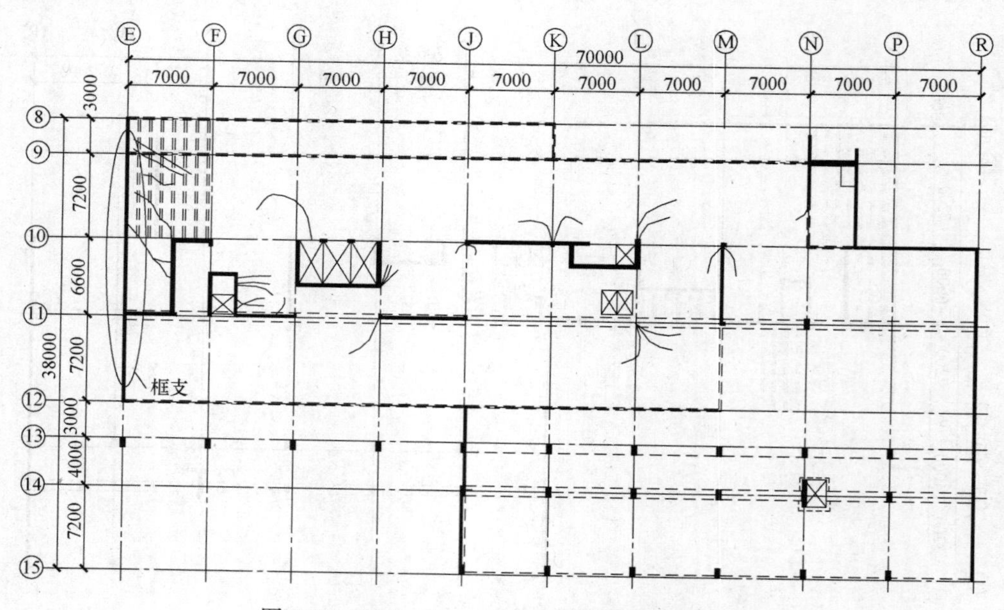

图 3.15　Holy Cross 医院 2 层平面及楼板裂缝

3.1.3　建筑物形体的抗震设计对策

结构平面布置的关键是避免扭转并确保水平传力途径的有效性，应使结构的刚度中心和质量中心一致或基本一致，否则，地震时将使结构产生平动与扭转耦联振动，使远离刚度中心的构件侧向位移及所分担的地震剪力明显增大，产生较严重的破坏。因此，从有利于建筑抗震的角度出发，地震区的房屋建筑平面形状应以方形、矩形、圆形为好，正六边

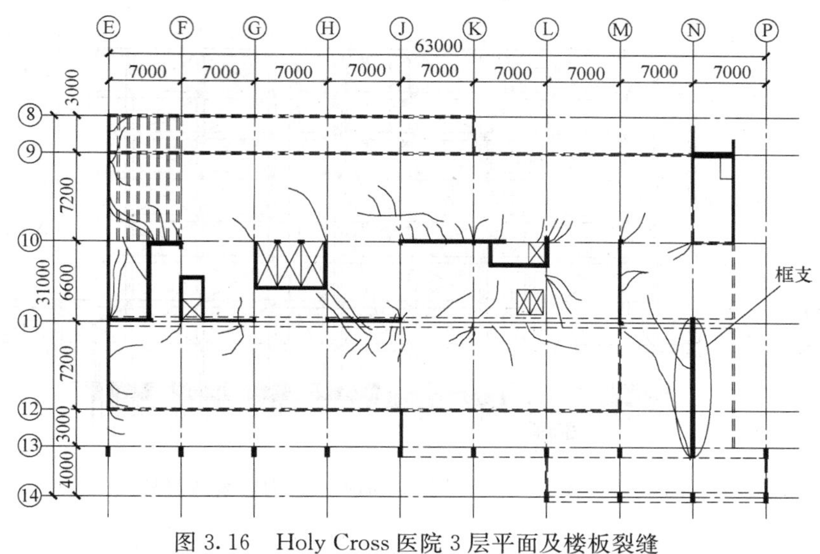

图 3.16　Holy Cross 医院 3 层平面及楼板裂缝
（4～7 层平面与 3 层平面相似，楼面的破坏情况逐层减轻，7 层楼面无损坏）

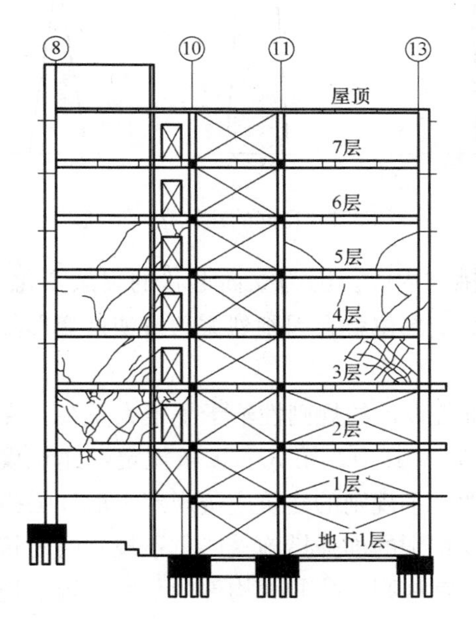

图 3.17　Holy Cross 医院，N 轴墙剖面

图 3.18　Holy Cross 医院，N 轴南侧剪力墙第 4 层的端部破坏

形、正八边形、椭圆形、扇形次之（图 3.20），L 形、T 形、十字形、U 形、H 形、Y 形平面较差。

结构立面及竖向剖面布置的关键是避免承载力及楼层刚度的突变，避免出现薄弱层并确保竖向传力的有效性。应使结构的承载力和竖向刚度自下而上逐步减小，变化均匀、连续，不出现突变（如混凝凝土强度等级、构件截面等避免同时改变），否则，在地震作用下某些楼层或部位将形成软弱层或薄弱层（率先屈服，出现较大的塑性变形集中）而加重破坏。因此，地震区建筑的竖向体型变化要均匀，宜优先采用图 3.21 所示的矩形、梯形、

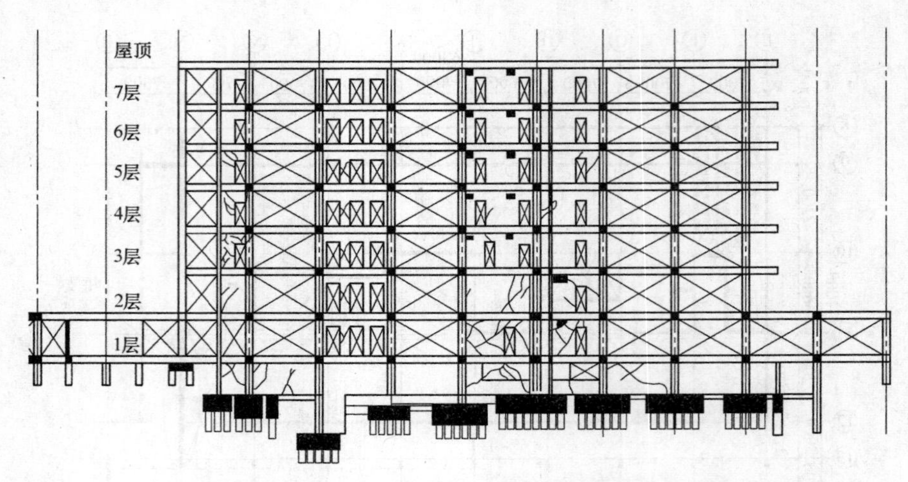

图 3.19　Holy Cross 医院 10 轴纵向剪力墙裂缝情况

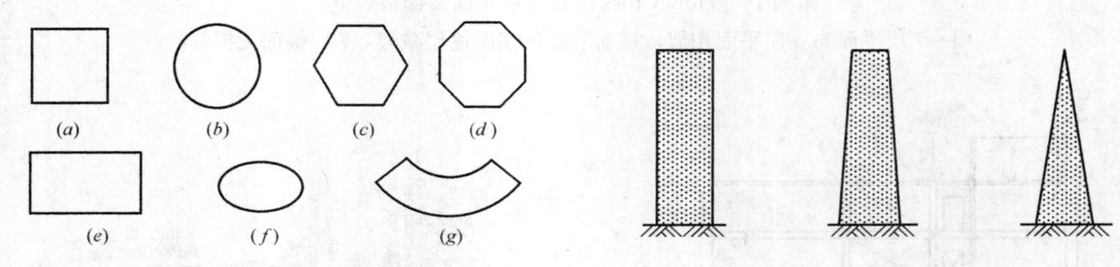

图 3.20　简单的建筑平面形状

图 3.21　良好的建筑立面形状

三角形等均匀变化的几何形状，尽量避免过大的外挑和内收。因为立面形状的突然变化，必然带来质量和抗侧刚度的剧烈变化，地震时，该突变部位就会因剧烈振动或塑性变形集中效应而加重破坏。

《建筑抗震设计规范》GB 50011—2010 对建筑抗震设计的规则性给予了很大重视，在第三章的建筑抗震设计基本要求中专列一节（3.4 节）。其中，第 3.4.1 条规定，建筑设计应根据抗震概念设计的要求明确建筑形体的规则性。不规则的建筑应按规定采取加强措施；特别不规则的建筑应进行专门研究和论证，采取特别的加强措施；严重不规则的建筑不应采用。第 3.4.2 条规定，建筑的立面和竖向剖面宜规则，抗侧力构件的平面布置宜规则对称、侧向刚度沿竖向宜均匀变化，竖向抗侧力构件的截面尺寸和材料强度宜自下而上逐渐减小，避免侧向刚度和承载力突变。第 3.4.4 条规定，建筑形体及其构件布置不规则时，应按相关要求进行地震作用计算和内力调整，并应对薄弱部位采取有效的抗震构造措施。第 3.4.5 条规定：体型复杂、平立面不规则的建筑，应根据不规则程度、地基基础条件和技术经济等因素的比较分析，确定是否设置防震缝。

3.2　防震缝不合理设置

20 世纪五六十年代建成的一些公共建筑，由于功能、层高、质量的不同，不少都是由变形缝来分成各自独立的区段，但缝宽大都较小而不能满足现行抗震规范对抗震缝最小宽度的要求，地震时相邻区段可能互相碰撞导致严重破坏，甚至倒塌。据介绍，1985 年墨西哥城地震，在 330 栋倒塌和严重破坏的建筑中，有 40%是由于撞击造成的，其中有 15%造成倒塌；1989 年的旧金山洛马普雷塔地震，在 500 栋房屋中有 200 多幢发生撞击事故。从上面的例子可以看出，由变形缝把建筑分成几个区域后，由于缝宽不足而引起的撞击破坏在国内外都有发生，而且数量不少。故这种撞击破坏已不能忽视，必须给予高度的重视。

3.2.1 防震缝

防震缝，在地震设防烈度地区，为防止建筑物各部分由于地震引起房屋破坏所设置的垂直缝称为防震缝。防震缝在基础处可不断开（图 3.22、图 3.23）。

图 3.22 防震缝外观

图 3.23 防震缝内模板施工

3.2.2 防震缝作用

设置防震缝，可以将复杂的建筑物分割为较为规则的结构单元，可以降低结构抗震设计的难度，有利于减轻房屋的扭转并能改善结构的抗震性能。但大量震害调查表明，按规范要求确定的防震缝宽度，在强烈地震下仍有发生碰撞的可能，而宽度过大的防震缝又会给建筑立面设计带来困难。因此，设置防震缝对结构设计而言是两难的选择。

3.2.3 防震缝设置原则

根据《建筑抗震设计规范》GB 50011—2010 第 6.1.4 条，钢筋混凝土房屋需要设置防震缝时，应符合下列规定（表 3.5）：

（1）防震缝最小宽度

① 框架结构房屋，高度不超过15m的部分，可取100mm；超过15m的部分，6度、7度、8度和9度相应每增加高度5m、4m、3m和2m，宜加宽20mm；

② 框架-剪力墙结构房屋可按第一项规定数值的70%采用，剪力墙结构房屋可按第一项规定数值的50%采用，但二者均不宜小于100mm。

（2）防震缝两侧结构体系不同时，防震缝宽度应按不利的结构类型确定；防震缝两侧的房屋高度不同时，防震缝宽度应按较低的房屋高度确定。

（3）当相邻结构的基础存在较大沉降差时，宜增大防震缝的宽度。

（4）防震缝宜沿房屋全高设置；地下室、基础可不设防震缝，但在与上部防震缝对应处应加强构造和连接。

（5）结构单元之间或主楼与裙房之间如无可靠措施，不应采用牛腿托梁的做法设置防震缝。

《建筑抗震设计规范》GB 50011—2010第7.1.7条规定多层砌体结构缝宽可采用70～100mm；第6.1.4条规定框架结构缝宽最小为100mm，缝隙两侧结构完全分开，中间间隙距离保证在地震作用下两侧结构不发生碰撞。装修后可完全隐藏防震缝，对建筑功能影响较小。

防震缝最小宽度 δ_{min}　　　　表3.5

结构类型	房屋总高 H		δ_{min}(mm)			
			6度	7度	8度	9度
框架结构	$H\leqslant15m$		100			
	$H=15+\Delta H$	算式	$\delta_{min}\geqslant100+20\Delta H/\Delta h$			
		Δh	5m	4m	3m	2m
框架-抗震墙结构	$H=15+\Delta H$		$\delta_{min}\geqslant0.7(100+20\Delta H/\Delta h)=70+14\Delta H+\Delta h\geqslant100$			
抗震墙结构			$\delta_{min}\geqslant0.5(100+20\Delta H/\Delta h)=50+10\Delta H+\Delta h\geqslant100$			

注：1. ΔH为房屋高度大于15m后的差值（m），$\Delta H=H-15$；

2. Δh为对应于不同抗震设防烈度时，计算防震缝最小宽度的基准值（m），H为缝两侧建筑高度的较小值。

若房屋的变形缝不满足上述要求时，则结构在地震中会发生撞击破坏。撞击破坏主要有以下几种类型：①主体结构破坏甚至倒塌；②建筑上的附属物及围护、分隔体破坏脱落；③由于机电和供水系统的破坏使房屋失去使用功能；④建筑及结构在缝两侧的轻度破坏。

3.2.4　防震缝不合理设置引起的震害

《建筑抗震设计规范》GB 50011—2010规定："防震缝应根据抗震设防烈度、结构材料种类、结构类型、结构单元的高度和高差情况，留有足够的宽度，其两侧的上部结构应完全分开。"正确理解本条规定应该是，建筑平、立面布置应尽可能规则，尽量避免采用防震缝；如果必须设缝，宽度应该留够。实际工程中，往往碰到稍微不规则的结构就设缝，留设的缝又不够宽；有时在施工中，浇捣混凝土后防震缝两侧的模板没有拆除，或留下许多杂物堵塞，结果等于没设，地震时必然撞坏。图 3.24～图 3.26 为 2007 年 6 月 3 日云南宁洱 6.4 级地震公安局大楼防震缝碰撞，缝宽 15cm。本次地震中，绝大多数防震缝均造成碰撞破坏，的确值得深思。

图 3.27 为北川县公安局办公楼六层框架结构与两侧六层商住楼，由于使用功能分区要求设了缝。地震时碰撞导致左侧商住楼倒塌，并引起一系列连续倒塌的严重后果（图 3.28）。图 3.29 为江油市长钢厂单层工业厂房防震缝两侧碰撞形成的连续倒塌。很多建筑防震缝宽度通常只有 50mm，由于施工误差甚至连接在一起，导致两侧碰撞破坏（图 3.30、图 3.31）。

图 3.24 2007 年 6 月 3 日云南宁洱 6.4 级地震公安局大楼防震缝碰撞

图 3.25 高层建筑防震缝碰撞

图 3.26 防震缝宽度约 15cm

图 3.27 北川公安局办公楼与商住楼碰撞

图 3.28　防震缝两侧碰撞形成连续倒塌的严重后果

图 3.29　单层厂房防震缝两侧碰撞而连续倒塌

图 3.30　防震缝宽度不够，相邻两栋建筑地震时相互碰撞，导致其中一栋建筑的填充墙倒塌

图 3.31　8 度区某相邻建筑地震中相互碰撞，损坏严重

3.2.5　防震缝宽不满足要求时应采取的措施

对于已设有防震缝而缝宽又不满足要求时，建筑应采取以下措施防止其撞击破坏：

（1）增大建筑物刚度，减小结构位移。如增设抗震墙、设置斜撑以加大结构抗侧移刚度，避免因位移过大而产生撞击。

（2）在相邻建筑之间设置黏弹性和黏性阻尼器，以减小结构最大位移或使相邻建筑接近同相移动。这样，即使发生撞击，冲击影响只限于撞击部位，不致影响到更多的楼层。

（3）剔出足够大的防震缝宽。

(4) 设置抗撞墙。抗撞墙是近年来欧洲采用的一种有效措施。当防震缝两侧结构高度或层高不相同时，可在缝两侧房屋的尽端沿全高设置垂直于防震缝的抗撞墙。抗撞墙的数量不得少于两道，墙肢长度不应少于 2m，构造应同一般抗震墙，并在防震缝一端沿全高设约束边缘构件。

(5) 整体加固。使原来用缝分开的多个建筑成为较少的几个整体建筑，达到整体加固的目的。

(6) 在缝中间安置横向的耗能橡胶垫（在各层楼板处）。

通过以上几种方法都可以达到防止防震缝宽度不够而引起的地震中的碰撞破坏。比较几种方法，(4) 和 (5) 两种方法更实用。

综上所述，对体型复杂、平立面不规则的建筑，应结合建筑的不规则程度、地基基础条件以及技术经济等因素进行综合对比分析，确定是否设置防震缝。体型复杂的建筑并不一概提倡设置防震缝，应当优先调整平面尺寸和结构布置，采取构造措施和施工措施，能不设缝就不设缝，能少设缝就少设缝。不设防震缝时，应进行更加细微的抗震分析，并采取加强延性的构造措施。如果必须设置防震缝时，应按照相关规范要求留有足够的宽度。

参 考 文 献

[1] 中华人民共和国国家标准. 建筑抗震设计规范 GB 50011—2010 [S]. 北京：中国建筑工业出版社，2010.

[2] 常建兰. 平面不规则砌体结构房屋震害情况评估 [J]. 山西建筑，2011，33：37-38.

[3] 徐培福，王翠坤，肖从真. 剪力墙竖向不连续结构的震害与抗震设计概念 [J]. 建筑结构学报，2004，05：1-9.

[4] Bertero VV. Observation of structural pounding [A]. Proceedings of the International Conference on the Mexico Earthquake-1985. New York：ASCE，1987：264-278.

[5] 王亚勇. 汶川地震建筑震害启示-三水准设防和抗震设计基本要求 [J]. 建筑结构学报，2008，29 (4)：26-33.

[6] 王亚勇. 概论汶川地震后我国建筑抗震设计标准的修订 [J]. 土木工程学报，2009，42 (5)：1-12.

[7] 黄世敏，罗开海. 汶川地震建筑物典型震害探讨 [A]. 中国科学技术协会. 中国科学技术协会 2008 防灾减灾论坛专题报告 [C]. 2008，12.

第4章　结构布置原因引起的震害

4.1　结构扭转效应

4.1.1　结构扭转效应的定义

结构的扭转效应（除地震动扭转分量外）最主要的原因还在于结构的质量中心（质心）和刚度中心（刚心）不重合。质心与刚心之间的距离称为静力偏心距。平面不规则特性对结构最主要的危害是使结构绕刚心或扭转中心产生扭转。对结构扭转效应进行研究需对质心、刚心以及扭转中心的位置进行定义和确定。

4.1.2　结构扭转效应的成因

1. 结构本身不规则

结构本身的不规则包括三个方面：第一是楼层质心的偏移。这是由于质量分布的随机性造成的，主要表现在结构自重和荷载的实际分布发生变化，质量中心与结构的几何中心不重合，存在一定程度的偏离。第二，由于施工工艺和条件的限制、构件尺寸控制的误差、结构材料性质的变异性、构件受荷历程的不同、构件实际的边界条件与设想的差别等因素，使刚度存在不确定性，造成的刚度中心偏移。第三是结构刚度退化的不均匀。当结构进入弹塑性阶段时，本来是规则对称的结构，也会出现随变形形态而变化的扭转效应，例如，结构某一角柱进入弹塑性状态，它的刚度较弹性阶段时小，而其他的角柱可能仍处于弹性阶段，这时，刚度分布在结构平面内发生了变化，导致刚度不对称，使结构产生扭转反应。

2. 地震波扭转因素

地震波通过地面时的运动是极其复杂的，地面的每一部分不仅产生三个正交的平动分量（一个竖向的和两个水平的分量），而且也产生三个转动分量。当地面运动存在明显的扭转分量时，不论结构对称与否，都会出现扭转效应。地震时地面运动存在着转动分量，但地面转动分量的强震观测是一项复杂的工作，由于受地震观测水平所限，对转动分量的作用了解甚少，目前还有许多没有解决的问题，尽管也有极少的转动分量记录，但是这些记录的可靠性难以保证。因此，对于地震运动的转动分量引起的结构扭转效应研究较少，现有的研究主要是从理论方面进行探索。

国内外的震害经验表明，由于结构本身的不规则所造成的扭转效应是造成结构破坏的一个重要原因，在某些情况下，甚至可能是主要原因。

4.1.3 结构扭转引起的震害

1. 由于建筑结构的平立面不规则引起的结构扭转破坏

平面较规则的结构在地震作用下扭转反应较小，损伤较轻；而结构平面布置不规则不连续所产生的扭转效应导致的结构破坏是相当严重的。建筑结构的规则性对抗震能力重要影响的认识始于现代建筑在强震中的表现。其中最典型的是1972年12月23日南美洲的马那瓜地震。马那瓜有两幢高层建筑，相隔不远（当地的地震烈度估计为8度），一幢是15层的中央银行大厦，另一幢是美洲银行大厦。前一幢的建筑结构严重不规则，地震时破坏严重，地震后拆除，后一幢建筑结构很规则，地震时只轻微损坏，地震后稍加修理便恢复使用。

（1）中央银行大厦（图4.1）

1）平面不规则

如图4.1（*a*）所示，四个楼梯间，偏置塔楼西端，再加上西端有填充墙，地震时产生极大的扭转偏心效应。

四层以上的楼板仅50mm厚，搁置在14m长的小梁上，小梁的全高仅450mm，这样一个楼面体系是十分柔弱的，抗侧力的刚度很差，在水平地震作用下产生很大的楼板水平变形和竖向变形。

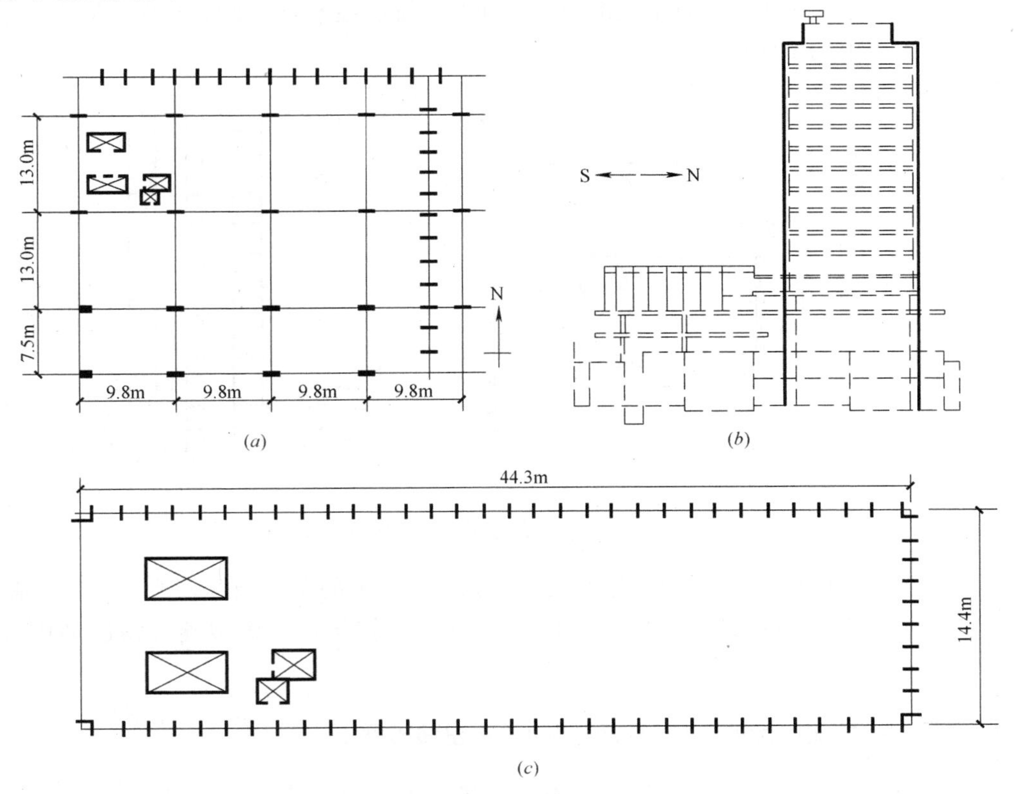

图4.1 马那瓜中央银行大厦平立面图

2）竖向不规则

塔楼的上部（四层楼面以上），北、东、西三面布置了密集的小柱子，共 46 根，支承在四层楼板水平处的过渡大梁上，大梁又支承在其下面的 10 根 1m×1.55m 的柱子上（柱子的间距达 9.4m）。形成上下两部分十分不均匀、不连续的结构系统（图 4.1*b*）。

由于这样的不规则结构，该建筑在地震中遭受了以下的主要破坏：第四层与第五层之间（竖向刚度与承载力突变），周围柱子严重开裂，柱钢筋压屈；横向裂缝贯穿三层以上的所有楼板（有的宽达 10mm），直到电梯井的东侧；塔楼的西立面、其他立面的窗下和电梯井处的空心砖填充墙及其他非结构构件均严重破坏或倒塌。

美国加州大学贝克莱分校对这幢建筑在地震后进行了计算分析，分析结果表明：①结构存在十分严重的扭转效应；②塔楼三层以上北面和南面的大多数柱子抗剪能力大大不足，率先破坏；③在水平地震作用下，柔而长的楼板产生可观的竖向运动等。

（2）美洲银行大厦（图 4.2）

结构系统是均匀对称的，基本的抗侧力系，包括四个 L 形的筒体，对称地由连梁连接起来。这些连梁在地震时遭到剪切破坏，是整个结构能观察到的主要破坏。

对整个建筑的分析表明：①对称的结构布置及相对刚强的连肢墙，有效地限制了侧向位移，并防止了任何明显的扭转效应；②避免了长跨度楼板和砌体填充墙的非结构构件的损坏；③当连梁剪切破坏后，结构体系的位移虽有明显增加，但由于抗震墙提供了较大的侧向刚度，位移量得到控制。

马那瓜地震中两幢现代化钢筋混凝土高层建筑的抗震性差异表明建筑平面和竖向的规则性在抗震工程中的重要影响。

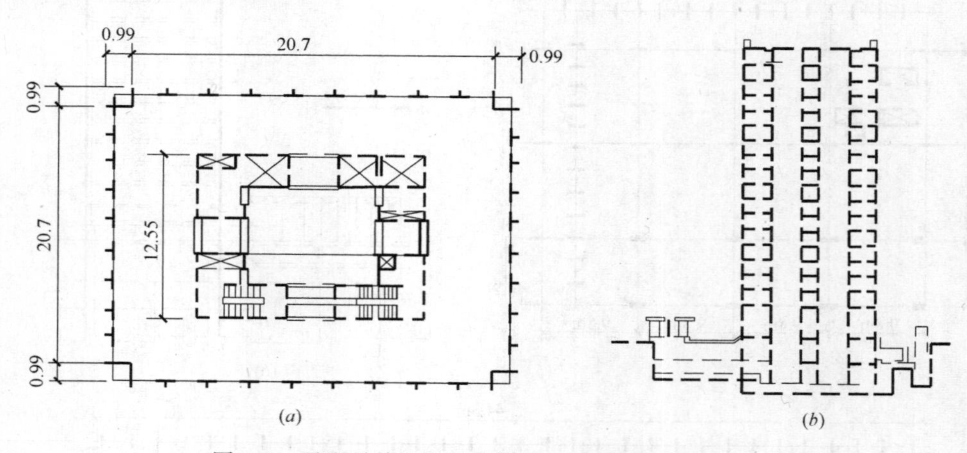

图 4.2　马那瓜美洲银行大厦平、立面图（单位：m）

在 2008 年汶川地震中，平面凹进和突出的角部、L 形的角部破坏较严重，典型震害如图 4.3 所示。不等高建筑、阶梯形立面的建筑震害较严重，典型震害情况如图 4.4 所示。

2. 由于结构抗侧刚度的不均匀性引起的结构扭转破坏

框架-砌体混合结构，如底框砖混结构（底部框架-上部砖混，竖向混合），底层部分

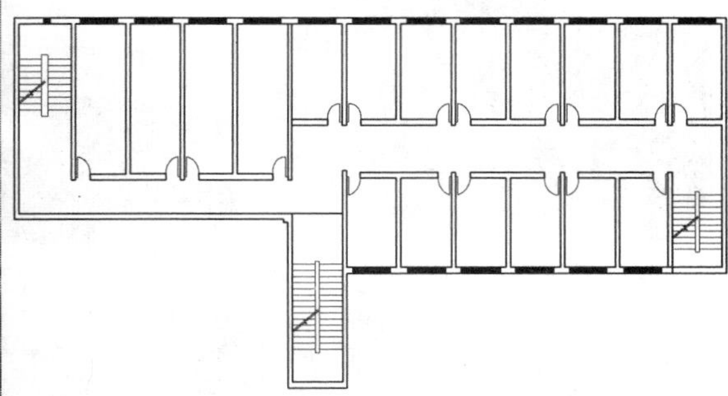

图 4.3　平面凹凸部位（楼梯间）震害严重

框架、部分砌体-上部砖混以及部分框架-部分砖混（水平混合）。这类结构的体系大多比较混乱，由于经济原因，大多尽可能少用混凝土框架，框架和砌体承重墙抗侧力构件承载能力和变形能力很不协调，平面抗侧刚度不均匀，对结构的抗扭能力影响严重。底部框架由于变形集中而破坏，或上部砌体破坏严重（图 4.5）。

图 4.4　阶梯形立面部位震害严重

3. 由于填充墙布置不均造成的结构扭转破坏

框架填充墙结构由于其建筑布置的灵活性被广泛应用于办公楼、商业建筑及住宅中，填充墙用来分隔房屋。过去人们重视框架主体结构抗震性能的研究，而忽略填充墙的影响，将其作为非结构构件处理。实际上在地震作用下填充墙与主体结构是共同工作的，填充墙的存在改变了结构体系的刚度、强度及其分布，而在设计时未给予考虑将导致严重震害，其中填充墙平面不均匀布置时容易造成结构扭转破坏，因为设计中未考虑填充墙刚度带来的影响。图 4.6 给出了汶川地震中典型的填充墙引起结构扭转破坏的震害，临街面为商铺门面无填充墙，背面满布填充墙，造成结构严重偏心而扭转破坏。

历次震害表明，建筑结构特别是不规则结构极易引起明显的扭转破坏，在所有震害形式中占的比重非常明显，对人类的生命财产造成了巨大威胁。注意到结构扭转破坏的普遍性和可能导致的脆性剪切破坏特征，应重视结构抗扭设计，这是国际上已经达成的共识。

我国《建筑抗震设计规范》GB 50011—2010 对结构扭转设计作出了具体的规定。对结构地震效应的计算方法：① 对于不规则结构，应考虑双向水平地震作用下扭转影响，采用扭转耦联振型分解反应谱法计算效应，并给出了双向水平地震效应组合计算公式；② 对于规则结构可不进行扭转耦联计算时，平行于地震作用方向的两个边榀，其地震作用效应应乘以放大系数；③ 一、二、三级框架，角柱的组合弯矩设计值、剪力设计值应乘以

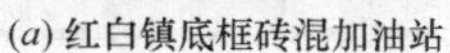

(*a*) 红白镇底框砖混加油站

(*b*) 剑南春集团框架-砖混办公楼(水平混合)

(*c*) 都江堰魁光街底框砖混建筑震害

图 4.5　由于平面抗侧刚度不均引起的结构扭转破坏

图 4.6　汶川地震中填充墙不均匀布置造成结构扭转破坏

不小于 1.10 的增大系数。位移限制：对于平面不规则 A 类，即扭转不规则型建筑结构，楼层竖向构件最大弹性水平位移和层间位移分别不宜大于楼层两端弹性水平位移和层间位移平均值的 1.5 倍。

《建筑抗震设计规范》GB 50011—2010 第 3.4.5 条规定：体型复杂、平立面不规则的建筑结构，应根据不规则程度、地基基础条件和技术经济等因素的比较分析，确定是否设置防震缝，并分别符合下列要求：

(1) 当不设置防震缝时，应采用符合实际的计算模型，进行较精细的分析，判明其应力集中、变形集中或地震扭转效应等导致的易损部位，采取相应的加强措施。

(2) 当在适当部位设置防震缝时，宜形成多个较规则的抗侧力结构单元。防震缝应根据抗震设防烈度、结构材料种类、结构类型、结构单元的高度和高差以及可能的地震扭转效应的情况，留有足够的宽度，其两侧的上部结构应完全分开。

结构的扭转效应主要来自结构本身的偏心特性和地震动扭转分量。总体来说，目前结构抗扭设计的思路如下：地震动的扭转分量和施工、使用过程中的偶然偏心主要通过附加偶然偏心的做法；考虑结构本身引起的扭转效应通过弹性分析和设计实现，同时强化概念和措施。为达到设计简化的目的，只进行小震下的必要计算分析，通过容易计算的一些结构参数（如结构规则程度等）的控制，实现抗扭能力一定程度的保障，同时辅以必要的措施，保证大震下抗震性能，不进行大震抗震能力验算。

4.2　结构薄弱层

4.2.1　薄弱层定义

薄弱层是指在强烈地震下，结构首先屈服并产生较大弹塑性位移的部位，这些部位的承载力是满足设计地震作用下抗震承载力要求的，只有在地震烈度大于等于 7 度地区才会出现。《高层建筑混凝土结构技术规程》JGJ 3—2010 条文说明 3.5.8 提到“刚度变化不符合本规程第 3.5.2 条要求的楼层，一般称作软弱层；承载力变化不符合本规程第 3.5.3 条要求的楼层，一般可称作薄弱层。为了方便，本规程把软弱层、薄弱层以及竖向抗侧力构件不连续的楼层统称为结构薄弱层。”

4.2.2　结构产生薄弱层的原因

1. 楼层刚度突变

楼层侧向刚度的突然变大或突然变小都属于刚度突变，刚度突变是由于建筑体型复杂、主要抗侧力结构体系在竖向布置的不连续造成的。刚度突变的部位也将产生应力集中和变形集中（或塑性变形集中）现象。应力集中的部位如果不进行适当的加强，将先于相邻部位进入塑性变形阶段，造成塑性变形集中，最终导致严重破坏甚至倒塌。刚度突变部位也往往是结构楼层屈服承载力的突变部位，刚度突变属于结构的软弱层并和薄弱层密切相关，因此，刚度突变部位经常是薄弱层的重要表征之一。

2. 楼层承载力突变

由于建造材料、材料强度和构件尺寸等方面的变化造成某些楼层的抗震承载力与相邻楼层相比相差较大，在强震作用下这些部位会率先破坏而进入塑性变形阶段，造成塑性变形集中，最终导致严重破坏甚至倒塌。

实际上结构受到材料强度规格、构件尺寸模数、构造和使用要求等的限制，容易在某些楼层存在抗震承载力比相邻部位相对薄弱的现象。于是，在强震作用下会率先破坏而发生塑性变形，如果塑性变形过大甚至会发生塑性变形集中。

3. 填充墙等不合理布置

由于填充墙在竖向的不连续布置造成楼层的侧向刚度发生突变而形成薄弱层。

4.2.3　震害特点

1. 建筑体型复杂引起的结构刚度突变

图 4.7 为北川大酒店地震时破坏的情况。该建筑由于退台造成结构刚度突变，结构收进处因柱子两端出现塑性铰而倾斜破坏。

2. 竖向抗侧力体系不连续引起的结构刚度突变

4.1 节介绍的中央银行大厦就是一个典型案例。另外，在我国以往的城市建设中，沿街建筑大量采用底层商店上部住宅的商住建筑形式。这种建筑形式要求结构能提供底部大空间，作为商店或车库，于是，出现了底部钢筋混凝土框架-抗震墙上部砖房的结构形式。底部框架-抗震墙房屋由于底层（或底部二层）空旷，形成软弱层，上部为砌体承重墙，侧向刚度较大，结构沿竖向刚度突变，是一种不利于抗震的房屋，历次地震中均产生比较严重的破坏。在 5.12 汶川大地震中，存在一些柔性底部框架砌体房屋，底层未设抗震墙或仅设置砖抗震墙（数量不足），底层刚度小，由于底层破坏严重而发生整体倒塌，上部结构塌落到地面（见图 4.8）。

图 4.7　北川大酒店破坏情况

图 4.8　北川县城底框房屋底层倒塌

3. 楼层承载力突变

日本阪神地震中，地震震害调查发现在神户市约 1000 栋 5～8 层楼房中间层压垮或破坏而其他楼层震害较轻的现象。主要原因一方面由于日本旧的设计规范（1981 年前）假定结构总的地震作用沿楼层是均匀分布的，而对于剪切型的框架结构实际的地震分布接近于倒三角，因而框架结构中间层的设计楼层剪力大约为实际承受的层间地震剪力的 67%左右；另一方面由于日本当时工程界在设计七层以上建筑时，普遍的做法是抗侧力构件下部几层采用钢-混凝土组合结构，而上部楼层采用钢筋混凝土结构（见图 4.9），这样结构中部结合层除了可能产生强度和刚度的突变外，还不可避免地存在一些连接构造问题，因而在强烈地震作用下结构中间层会出现严重破坏。

图 4.9 Nagata Ward 医院四层倒塌

4. 填充墙等不合理布置

填充墙沿高度不连续布置，造成刚度突变形成底部薄弱层，底层无填充墙框架柱上下端出现塑性铰而形成层间侧移机构，层间位移角达 1/12，而 2 层以上结构基本完好（图 4.10）。

图 4.10 都江堰某建筑破坏

4.2.4 薄弱层的抗震设计对策

对于首层薄弱结构，可考虑利用隔震技术，在结构首层设置隔震层，对其进行隔震加固改造。这样不但可以修复首层，还可以降低以上各层的地震响应，无需进一步加固。因此可以降低成本，并可以尽量减少加固对建筑使用功能的影响，具有良好的经济效益及社会效益。

我国《建筑抗震设计规范》GB 50011—2010 明确给出了哪类结构应进行罕遇地震作用下薄弱层的弹塑性变形验算，哪类结构宜进行罕遇地震作用下薄弱层的弹塑性变形验算，并规定了结构在罕遇地震作用下薄弱层（部位）弹塑性变形计算方法。

4.3 混合结构体系

4.3.1 混合结构定义

混合结构体系是相对于单一结构体系而言的结构体系。单一结构体系是指如混凝土、钢、砌体和木结构等的结构体系，因此混合结构体系包括框架-砌体结构、砖（土）木混合结构和钢-混凝土混合结构等结构体系。其中最常见的就是框架-砌体混合结构和砖土

（木）混合结构。

4.3.2　混合结构体系震害案例及原因与措施

1. 框架-砌体混合结构

在我国欠发达地区村镇中小学建筑，部分采用钢筋混凝土框架结构，部分采用砌体墙的框架-砌体混合结构，由于造价低廉、取材容易，具有较高的经济和实用价值，得到了广泛应用。砌体-框架混合结构主要指底框砖混结构（竖向混合，底部框架或者部分框架，上部砖混），也有部分框架-部分砖混（水平混合）的结构，这类结构的体系大多比较混乱，在地震中会遭受不同程度的损坏。以 2013 年 4 月 20 日四川芦山 MS7.0 地震为例，底框结构的底层往往作为商铺使用，开间较大，填充墙设置较少，导致底层的抗侧刚度不足，形成薄弱层，在地震作用下极易发生破坏。而对于部分框架-部分砖混的水平混合结构，框架和砌体承重墙抗侧力构件的承载力和变形能力的不协调，以及平面抗侧刚度的极不均匀都会加重震害。砌体-框架混合结构的震害主要表现为底部框架由于变形集中在柱脚和梁柱，节点处出现塑性铰；底部填充墙出现严重剪切破坏甚至倒塌；上部砌体结构的破坏。图 4.11～图 4.13 所示为这类结构的主要震害情况。

图 4.11　剑南春集团框架-砖混办公楼（水平混合）

混合结构体系混乱，受力机理和抗震性能不明确。由于在地震作用下框架和砌体承重墙抗侧力构件的刚度和变形能力不协调，砌体结构刚度较钢筋混凝土结构大很多，大部分地震作用由砌体结构承担，极易导致严重破坏。而墙体一旦破坏，钢筋混凝土框架所受荷载迅速增大，超过钢筋混凝土结构极限承载力，导致钢筋混凝土结构也迅速破坏，整个结构被各个击破。在汶川地震中，大部分结构体系不明确的混合结构房屋破坏严重，甚至倒塌。

2. 砖土（木）混合结构

严格地说，一方面，混合结构并不是一种明确的结构形式，实际中往往是各种材料（土、木、砖和石）墙体混合承重，只考虑竖向荷载的传递。不同材料的墙体无法咬槎砌筑，纵横墙交接处为通缝，完全没有连接，造成房屋的整体性差；另一方面，在地震作用下不同材料墙体的性能差别和动力反应存在差异，也会加重震害，因此，此类房屋的抗震

图 4.12 红白镇底框砖混加油站

图 4.13 都江堰魁光街底框砖混建筑震害

性能普遍较差。

砖土（木）结构在地震中的破坏形式有：

（1）整体倒塌。图 4.14、图 4.15 分别为一土木房屋和土坯房的整体垮塌。该地区土坯房的使用期至少有 30 年，墙片之间相互独立，整体性很差，整体垮塌现象比较普遍。

（2）片墙开裂、倒塌。这种破坏形式表现为：山墙、外纵墙呈现竖向通缝（图 4.16）；纵横墙拐角处开裂；外纵墙倒塌。

图 4.14　土木房屋倒塌

图 4.15　土坯房整体垮塌

图 4.16　砖木结构纵墙开裂

（3）屋架破坏。木屋架往往直接搁置在山墙上，没有固定，在地震作用下，屋架易产生水平位移。当竖向地震作用较强时，木屋架下弦易发生断裂破坏（图 4.17）。

图 4.17　木屋架断裂或倒塌

4.3.3　混合结构体系防震措施

1. 框架-砌体混合结构

《建筑抗震设计规范》GB 50011—2010 已明确禁止此类结构体系，对既有建筑可以采取如下措施：

（1）在地震作用下，钢筋混凝土框架-砌体混合结构类似于框架-剪力墙结构，其中砌体部分是结构的第一道抗震防线，而框架部分则是结构的第二道抗震防线。在对这类混合结构进行抗震鉴定时，可偏安全地仅考虑其第一道抗震防线，即按砌体结构进行鉴定。

（2）钢筋混凝土框架-砌体混合结构的加固方案可采用面层或板墙加固，也可采用改变结构体系的方法，比如将原混合结构改造为纯框架结构、框架-剪力墙结构、框架柱带翼缘的框架结构等。

（3）对原混合结构的圈梁采用双梁加固，对原钢筋混凝土柱及主梁采用增大截面法加固，对原基础采用双梁并增设拉梁加固。加固后房屋能否满足该地区的抗震设防要求需经验算。

2. 砖土（木）结构

《建筑抗震设计规范》GB 50011—2010 针对土、木、石结构房屋要求如下：

（1）第 11.1.1 条，土、木、石房屋的建筑、结构布置应符合下列要求：

① 房屋的平面布置应避免拐角或突出；

② 纵横向承重墙的布置宜均匀对称，在平面内宜对齐，沿竖向应上下连续；在同一轴线上，窗间墙的宽度宜均匀；

③ 多层房屋的楼层不应错层，不应设置悬挑楼梯；

④ 不应在同一高度内采用不同材料的承重构件；

⑤ 屋檐外挑梁上不得砌筑砌体。

（2）第 11.1.2 条，木楼、屋盖房屋应在下列部位采取拉结措施：

① 两端开间屋架和中间隔开间屋架应设置竖向剪刀撑；

② 在屋檐高度处应设置纵向通长水平系杆，系杆应采用墙揽与各道横墙连接或与木梁、屋架下弦连接牢固；纵向水平系杆端部宜采用木夹板对接。墙揽可采用方木、角铁等材料；

③ 山墙、山尖墙应采用墙揽与木屋架、木构架或檩条拉结；

④ 内隔墙墙顶应与梁或屋架下弦拉结。

（3）第 11.2.3 条，生土房屋的屋盖应符合下列要求：

① 应采用轻屋面材料；

② 硬山搁檩房屋宜采用双坡屋面或弧形屋面，檩条支承处应设垫木；端檩应出檐，内墙上檩条应满搭或采用夹板对接和燕尾榫加扒钉连接；

③ 木屋盖各构件应采用圆钉、扒钉、铁丝等相互连接；

④ 木屋架、木梁在外墙上宜满搭，支承处应设置木圈梁或木垫板。木垫板的长度、宽度和厚度分别不宜小于 500mm、370mm 和 60mm。木垫板下宜铺设砂浆垫层或黏土石灰浆垫层。

（4）第 11.2.4 条，生土房屋的承重墙体应符合下列要求：

① 承重墙体门窗洞口的宽度，6、7 度时不应大于 1.5m；

② 门窗洞口宜采用木过梁；当过梁由多根木杆组成时，宜采用木板、扒钉、铅丝等将各根木杆连接成整体；

③ 内外墙体应同时分层交错夯筑或咬砌。外墙四角和内外墙交接处，宜沿墙高每隔500mm左右放置一层竹筋、木条、荆条等编织的拉结网片，每边伸入墙体应不小于1000mm或至门窗洞边，拉结网片在相交处应绑扎，或采取其他加强整体性的措施。

(5) 第11.2.7条，灰土墙房屋应每层设置圈梁，并在横墙上拉通；内纵墙顶面宜在山尖墙两侧增砌踏步式墙垛。

(6) 第11.3.10条，木结构围护墙应符合下列要求：

① 围护墙与木柱的拉结应符合下列要求：沿墙高每隔500mm左右，应采用8号钢丝将墙体内的水平拉结筋或拉结网片与木柱拉结；配筋砖圈梁、配筋砂浆带与木柱应采用ϕ6钢筋或8号钢丝拉结；

② 土坯砌筑的围护墙，洞口宽度应符合11.2.4条要求。砖等砌筑的围护墙，横墙和内纵墙上的洞口宽度不宜大于1.5m，外纵墙上的洞口宽度不宜大于1.8m或开间尺寸的一半；

③ 土坯、砖等砌筑的围护墙不应将木柱完全包裹，应贴砌在木柱外侧。

参考文献

[1] 刘跃伟．转动地震动与结构抗扭设计［D］．大连：大连理工大学，2011.

[2] 黄世敏，杨沈．建筑震害与设计对策［M］．北京：中国计划出版社，2009.

[3] 清华大学土木工程结构专家组，西南交通大学土木工程结构专家组，北京交通大学土木工程结构专家组，叶列平，陆新征．汶川地震建筑震害分析［J］．建筑结构学报，2008，04：1-9.

[4] 李英民，韩军，田启祥，陈伟贤，赵盛位．填充墙对框架结构抗震性能的影响［J］．地震工程与工程振动，2009，03：51-58.

[5] 中华人民共和国国家标准．建筑抗震设计规范GB 50011—2010［S］．北京：中国建筑工业出版社，2010.

[6] 王亚勇，黄卫．汶川地震建筑震害启示录［M］．北京：地震出版社，2009.

[7] X. L. Lu，X. S. Ren. Site Urgent Structural Assessment of Buildings in Earthquake-hit Area of Sichuan and Primary Analysis on Earthquake Damages［A］. The 14th World Conference on Earthquake Engineering，Beijing.

[8] 中华人民共和国国家标准．高层建筑混凝土结构技术规程JGJ 3—2010［S］．北京：中国建筑工业出版社，2010.

[9] 王亚勇，戴国莹．建筑抗震设计规范疑问解答［M］．北京：中国建筑工业出版社，2006.

[10] 中国建筑科学研究院．2008年汶川地震建筑震害图片集［M］．北京：中国建筑工业出版社，2008.

[11] 高小旺，龚思礼，苏经宇，易方民．建筑抗震设计规范理解与应用［M］．北京：中国建筑工业出版社，2002.

[12] 郭子雄．关于日本阪神地震震害现象的几点讨论［J］．华侨大学学报（自然科学版），1996，02：7-15.

[13] 郭樟根，孙伟民，倪天宇，丁帅，沈丹．汶川地震中小学校建筑震害调查及抗震性能分析［J］．南京工业大学学报（自然科学版），2009，01：49-54.

[14] 朱元祥，李航飞，孙东晓．“5·12”汶川地震后陕西宝鸡陈仓区建筑物震害调查与分析［J］．建筑科学与工程学报，2009，02：116-120.

第 5 章　不同结构体系的震害

5.1　框架结构

5.1.1　框架结构的定义

框架结构是指由梁和柱以刚接或者铰接相连接而构成承重体系的结构，即是通过梁和柱组成框架协同作用，共同抵抗使用过程中出现的水平荷载和竖向荷载（图 5.1）。框架结构的墙体通常不承重，仅起到围护和分隔作用，墙体一般采用预制的加气混凝土、膨胀珍珠岩、空心砖或多孔砖、浮石、蛭石、陶烂等轻质板材等材料砌筑或装配而成。

框架结构房屋按跨数分有单跨、多跨；按层数分有单层、多层；按立面构成分有对称、不对称；按所用材料分有钢框架、混凝土框架、胶合木结构框架或钢与钢筋混凝土混合框架等。

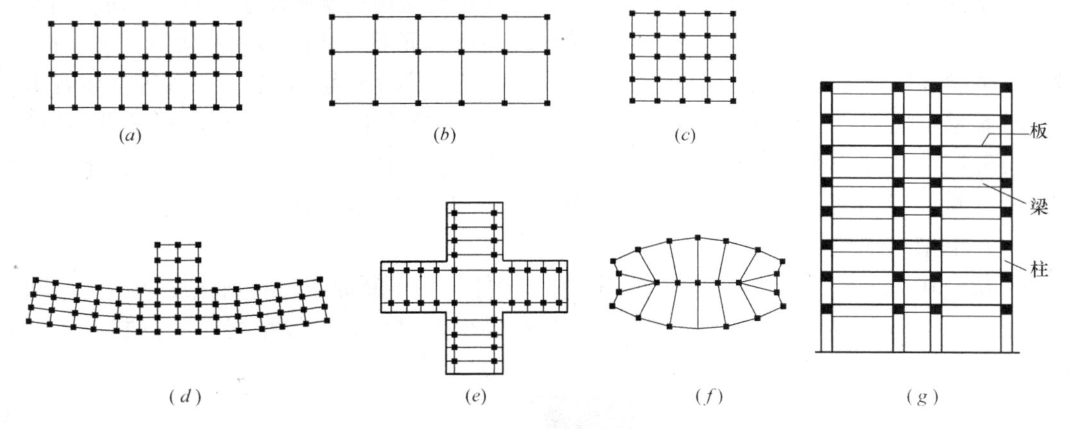

图 5.1　框架结构形式

5.1.2　框架结构的特点

框架建筑的主要优点：柱网布置灵活，可以较灵活地配合建筑平面布置的优点，利于安排需要较大空间的建筑结构；框架结构的梁、柱构件易于定型化、标准化，便于采用装配整体式结构，以缩短施工工期；采用现浇混凝土框架时，结构的整体性、刚度较好，而且可以把梁或柱浇筑成各种需要的截面形状，具有较好的抗震效果。

框架结构体系的缺点：框架的节点处应力集中显著；框架结构的侧向刚度小，属柔性结构，在强烈地震作用下，结构所产生的水平位移较大，易造成严重的非结构性破坏；框架是由梁柱构成的杆系结构，其承载力和刚度都相对较低，特别是水平方向（即使可以考虑现浇楼面与梁共同工作以提高楼面水平刚度，但也是有限的）。它的受力特点类似于竖向悬臂剪切梁，其总体水平位移上部大，下部小，但相对于各楼层而言，层间变形上小下大，设计时如何提高框架的抗侧刚度及控制好结构侧移为重要因素。对于钢筋混凝土框架，当高度大、层数相当多时，结构底部各层，不但柱的轴力很大，而且梁和柱由水平荷载所产生的弯矩和整体的侧移亦显著增加，从而导致截面尺寸和配筋增大，对建筑平面布置和空间处理就可能带来困难，影响建筑空间的合理使用，在材料消耗和造价方面，也趋于不合理，故一般适用于建造不超过 15 层的房屋。

5.1.3　框架结构的震害

框架结构的破坏主要包括整体破坏和构件破坏。框架结构的整体破坏包括以下几种：(1) 框架结构整体倒塌。(2) 框架结构局部单元倒塌。(3) 框架薄弱层倒塌或倾斜。框架结构构件破坏主要包括的震害有：(1) 柱头、柱脚破坏；(2) 短柱破坏；(3) 角柱破坏；(4) 框架梁破坏；(5) 梁柱节点破坏；(6) 填充墙破坏；(7) 建筑碰撞的震害。

1. 框架结构的整体破坏

框架柱是框架结构的主要承重构件和抗侧力构件。钢筋混凝土多层框架结构的震害中，整体破坏的全部、构件破坏的大部分都因柱构件的破坏而引起。其中破坏的原因主要有：设计过程中没有严格按照强柱弱梁抗震概念进行设计，由于楼板的加强作用，再加上设计过程中，柱子截面取值过小、采用材料强度较低，导致框架结构楼层刚度弱，往往形成薄弱层，在大震作用下产生大的弹塑性变形，导致某个楼层率先屈服，从而形成框架柱压溃、折断、倾斜、关键部位破坏，从而造成整幢房屋倒塌或房屋底层的压扁、倾斜、平移等整体破坏。

柱箍筋间距过大，对柱子混凝土侧向约束不足，导致混凝土被压碎，柱子纵筋压屈，呈现灯笼状，在柱头和柱脚部位形成明显的塑性铰，从而使得结构整体丧失承载能力。梁柱核心区箍筋未加密，容易导致节点区域混凝土压碎，形成典型的节点区破坏。

(1) 框架结构整体倒塌

框架柱作为结构的主要承重构件和抗侧力构件，柱子断面小，材料强度低、实际轴压比超限（包括施工混凝土强度低），大震下弹塑性变形过大，形成楼层屈服机制，从而造成整幢房屋倒塌或房屋底层的整体破坏，如图 5.2、图 5.3 所示。

图 5.2　9 层框架结构整体倒塌

图 5.3　6 层框架结构整体倒塌

（2）框架结构局部单元倒塌

框架结构发生局部单元倒塌的原因在于结构的某一区段存在薄弱环节，结构发生扭转导致局部柱压溃或折断，其他柱完好，端部震害严重，如图 5.4、图 5.5 所示。

图 5.4 Kobe 城 6 层框架结构局部倒塌

图 5.5 某框架结构局部倒塌

（3）框架结构薄弱层整体倒塌或者倾斜

框架结构房屋发生整体倾斜的主要原因是柱（尤其是底层柱）的破坏。底层柱上下端均出现塑性铰，但还有一定的承载能力时房屋底层发生整体倾斜，如图 5.6、图 5.7 所示。出现这种情况的房屋大多是：底层为大空间，上部功能要求小开间，隔墙较多，引起上下刚度突变，底部成为薄弱层。还有部分结构由于地基土失效引起建筑整体倾斜。

图 5.6 结构薄弱层倾斜

图 5.7 框架的底层薄弱层整体倒塌

框架结构在整体设计上刚度存在较大的不均匀性，使得这些结构存在着层间屈服强度特别弱的楼层。在强烈地震作用下，结构的薄弱楼层率先屈服，一般是结构转换层、中间层倒塌，如图 5.8、图 5.9 所示。

图 5.8　北川大酒店 3 层框架结 2 层
大开间强度刚度突变，二层柱头出现明显塑性铰

图 5.9　Nagata Ward 医院 6 层框架结构
中间层存在强度刚度突变，第四层错断倒塌

2. 框架结构的构件破坏

“强柱弱梁”屈服机制是框架结构抗震设计的基本原则，但由于现浇楼板等因素的影响，在实际地震中框架结构并不能表现出梁铰屈服机制。试验研究表明，梁先屈服，可使整个框架有较大的内力重分布和能量消耗能力，极限层间位移增大，抗震性能较好。但在汶川地震中构件破坏出现了各种柱的破坏形式和填充墙的破坏形式。

(1) 柱头破坏，柱脚破坏（图 5.10、图 5.11）

柱头破坏震害主要表现：对于多层框架结构，汶川地震中柱端弯剪破坏比较普遍，尤其当底层空旷，填充墙较少时破坏更加严重，主要表现有柱端混凝土压碎，钢筋裸露，纵筋压屈或者纵筋拉断，柱折断。

柱头破坏原因：主要由于节点处柱端的内力比较大，在弯矩、剪力和轴压力的联合作用下，柱顶周围出现水平裂缝、斜裂缝或交叉裂缝，严重时混凝土压碎或剥落，纵筋屈服成塑性铰破坏。这种破坏形式属于延性破坏，可以吸收较大的地震能量。当轴压比较大、箍筋约束不足、混凝土强度不足时，柱端混凝土会压碎而影响抗剪能力，柱顶会出现脆性剪切破坏。当竖向荷载过大而截面过小、混凝土强度不足时，纵筋压屈成灯笼状，柱内箍筋拉断或脱落，柱子失去承载力呈压屈破坏形式。

柱脚的震害主要表现：柱底混凝土保护层部分脱落，柱主筋及其箍筋部分外露，底层柱倾斜，水平裂缝和斜裂缝互相交叉，破坏区混凝土剥落。

柱脚的震害主要原因：柱底产生的震害大部分是因为结构中存在薄弱层，地震时由于薄弱层变形过大而在柱底形成塑性铰破坏。

(2) 短柱破坏

当柱的剪跨比较小或柱净高与柱截面高度之比不大于 4 时，将形成短柱，短柱的刚度大，分担的地震剪力也较大，容易产生短柱的脆性剪切破坏。填充墙布置不合理，也会形成短柱剪切破坏，如图 5.12 所示。

(3) 角柱破坏

图 5.10　茂县政府办公楼，6 层框架结构，底层柱钢筋裸露，混凝土剥落

图 5.11　底层柱柱脚箍筋较细，纵筋压屈，混凝土压碎

角柱受力比较复杂，由于双向受弯、受剪，加上扭转作用，柱身错动，钢筋由柱内拔出，震害比内柱重，如图 5.13、图 5.14 所示。

（4）梁柱节点破坏

在地面运动反复作用下，框架节点的受力机理十分复杂，如图 5.15 所示，其破坏现象主要表现在：节点核心区箍筋过少，或由于核心区的钢筋过密而影响混凝土浇筑质量，引起核心区抗剪强度不足出现剪切破坏。破坏时核心区产生斜向对角的贯通裂缝，节点区内箍筋屈服、外鼓甚至崩断；当节点区剪压比较大时，箍筋可能并未达到屈服，而是混凝土被剪压酥碎成块而发生破坏。箍筋很少或没箍筋时，柱纵向钢筋压曲外鼓。

图 5.12　填充墙设置不合理，形成短柱，柱发生剪切破坏

（5）框架梁的震害

框架梁的震害大多发生在梁端，梁的剪切破坏重于弯曲破坏，抗弯承载力不足出现垂直裂缝的破坏汶川地震中遇见的较少，梁端出现斜裂缝破坏的情况较多。在强烈地震作用下，梁端会产生正负弯矩和剪力，其值一般都较大，当截面承载力不足时，将产生上下贯通的垂直裂缝和交叉裂缝，使梁端出现塑性铰，最终破坏（图 5.16）。

图 5.13 角柱纵筋呈灯笼状态，柱纵筋屈曲，混凝土酥碎

图 5.14 角柱错动，柱纵筋拉断，形成塑性铰

图 5.15 梁柱节点破坏

(6) 填充墙的震害

砌体填充墙刚度大而承载力低，首先承受地震作用而遭破坏。一般7度即出现裂缝，8度和8度以上地震作用下，裂缝明显增加，甚至部分倒塌。由于框架变形属剪切型，下部层

图 5.16 汶川地震中某框架梁的破坏

间位移大，填充墙震害呈现“下重上轻”的现象，空心砌体墙重于实心砌体墙。建筑的结构平立面不规则处容易引起应力集中导致填充墙出现裂缝甚至倒塌（图 5.17、图 5.18）。

图 5.17 绵竹工行框架结构转角圆弧墙破坏

图 5.18 东汽小学框架结构转角填充墙破坏

5.1.4 框架结构抗震设计

结构概念设计是保证结构具有优良抗震性能的方法之一。在对框架结构设计中渗透的概念设计包含选择对抗震有利的结构方案和布置，设计延性构件和延性结构，分析结构薄弱部位，并采取相应的措施，避免薄弱层过早破坏，防止局部破坏引起连锁效应，避免设计静定结构，采取多道防线措施和采取减少扭转和加强抗扭刚度的措施等。应该说，从方案选择、结构布置、构件计算到构件设计、构造措施每个设计步骤中都贯穿了抗震概念设计内容。主要的概念设计包括以下几个方面：

注意场地选择——建筑场地的地质条件与地形地貌对建筑的震害有显著影响。地震区的建筑选址应该选择有利地段，避开不利地段，不在危险地段进行工程建设。

把握建筑体型——建筑体型应规则、对称、质量、刚度变化均匀，减少结构的扭转效应和应力集中现象。

保证结构延性——采取各种构造措施和耗能手段增强结构和构件的延性。

设置多道抗震防线——一个抗震结构体系，应由若干个延性较好的体系组成，并由延性较好的结构构件连接起来协同工作，避免因部分结构或构件破坏而导致整个体系丧失抗震能力或对重力荷载的承载能力。

强柱弱梁——梁端先出现塑性铰，梁端的破坏先于柱端的破坏。

强剪弱弯——构件的破坏以弯曲时主筋受拉屈服破坏为主，避免剪切破坏。

强节点弱构件——保证柱节点的抗剪承载力，使之不先于梁柱破坏。

5.2　剪力墙结构

5.2.1　剪力墙结构的定义

剪力墙是房屋或构筑物中主要承受风荷载或地震作用引起的水平荷载和竖向荷载的墙体。因高层建筑所要抵抗的水平剪力主要是地震引起，故剪力墙又称抗震墙。

剪力墙结构是由一系列纵向、横向剪力墙及楼盖所组成的空间结构，承受竖向荷载和抵抗水平荷载，是高层建筑中常用的结构形式之一。由于纵、横向剪力墙在其自身平面内的刚度都很大，在水平荷载作用下，侧向变形小，抗震及抗风性能都较强，承载力要求也容易满足。剪力墙结构适宜建造层数较多的高层建筑。

5.2.2　剪力墙的分类

按不同的分类标准可对剪力墙进行不同的分类，不同类别的剪力墙受力性能和变形特征各有特点。

1. 根据墙肢截面高度与厚度之比 h_w/b_w 的大小（图 5.19），可将单片剪力墙分为柱、短肢剪力墙和一般剪力墙。其中，当 $h_w/b_w \leqslant 4$ 时为柱；短肢剪力墙是指墙肢截面高度与厚度之比为 $4 < h_w/b_w \leqslant 8$ 且截面厚度不大于 300mm 的剪力墙；一般剪力墙是指墙肢截面高度与厚度之比大于 8 或截面厚度大于 300mm 且 $h_w/b_w > 4$ 的剪力墙。水平荷载作用下，在悬臂剪力墙截面上所产生的内力是弯矩和水平剪力。墙肢在弯矩作用下产生“弯曲型”变形曲线（下部层间相对侧移较小，上部层间相对侧移较大）；墙肢在剪力作用下产生“剪切型”变形曲线（下部层间相对侧移较大，上部层间相对侧移较小），两种剪力墙变形的叠加构成剪力墙的实际变形。

2. 按墙肢总高度与宽度之比（H/h_w）的大小（图 5.20），可将单片剪力墙分为高墙（$H/h_w > 3$）、中高墙（$1 \leqslant H/h_w \leqslant 3$）和矮墙（$H/h_w < 1$）三种。在水平荷载作用下，随着墙肢高宽比的增大，由弯矩产生的弯曲型变形在整个侧移中所占的比例相应增大。一般地，高墙在水平荷载作用下的变形曲线表现为“弯曲型”，而矮墙的变形曲线表现为“剪切型”，中高墙的变形曲线表现为介于“弯曲型”和“剪切型”之间的“剪弯型”。

3. 按墙体上有无洞口以及洞口的大小、位置和数量等情况，可将剪力墙分为整截面剪力墙、整体小开口剪力墙、联肢剪力墙（含双肢与多肢剪力墙）和壁式框架。

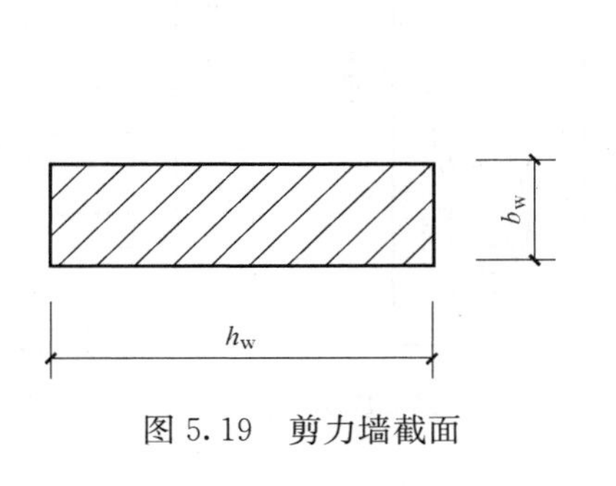

图 5.19 剪力墙截面

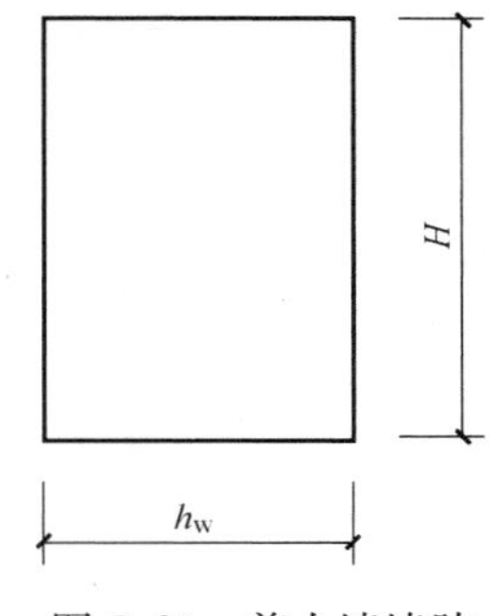

图 5.20 剪力墙墙肢

(1) 整截面剪力墙

整截面剪力墙是指不开洞或虽有洞口但孔洞面积与墙面面积之比不大于15%、且孔洞净距及孔洞边至墙边距离大于孔洞长边尺寸的剪力墙。其受力如同整截面悬臂构件，在水平荷载作用下，其弯矩沿高度连续分布，既不突变也无反弯点，截面正应力按直线分布，符合平截面假定，变形呈弯曲型（图 5.21*a*）。内力和变形可按材料力学中悬臂墙的计算方法进行。

(2) 整体小开口剪力墙

门窗洞口沿竖向成列布置，洞口总面积虽超过了墙体总面积15%，但剪力墙在水平荷载作用下的受力特征仍接近于整截面剪力墙，墙肢弯矩沿高度虽有突变，但没有或仅个别反弯点出现，截面正应力除孔洞处墙肢弯曲正应力偏离直线外大体按直线分布，基本符合平截面假定，各墙肢中仅有少量的局部弯矩，整个剪力墙的变形仍以弯曲型为主（图 5.21*b*），可按材料力学公式计算其内力和位移，然后加以适当修正。

(3) 联肢剪力墙

由于洞口开得较大（30%～50%），截面的整体性已经破坏，联肢剪力墙在水平荷载作用下的受力性能与整截面剪力墙相差甚远，墙肢弯矩沿高度方向在连梁处突变，且在部分墙肢中有反弯点出现，截面正应力不再保持为直线分布，不符合平截面假定（图 5.21*c*）。联肢剪力墙包括双肢剪力墙和多肢剪力墙。有一列连梁的剪力墙称双肢剪力墙；有多列连梁的剪力墙称多肢剪力墙。联肢剪力墙的变形由弯曲型向剪切型过渡，内力不能用按平截面假定列平衡方程的方法确定，应采用列墙肢微分方程的方法求解。

(4) 壁式框架

当剪力墙上洞口开得很大（50%～80%），墙肢宽度很小，剪力墙连梁的线刚度接近或大于墙肢线刚度，墙肢的弯矩图除在连梁处有突变外，几乎所有的连梁之间的墙肢都有反弯点出现，整个剪力墙的受力特征接近于框架，变形以剪切型为主。但连梁和墙肢相交结合区形成了刚度很大而几乎不产生弹性变形的刚域（图 5.21*d*），此类剪力墙称为壁式框架。其内力和变形可按框架结构的计算方法进行，但需考虑刚域的影响加以修正。

5.2.3 剪力墙结构的震害

具有剪力墙的钢筋混凝土结构一般是指钢筋混凝土剪力墙结构和框架-剪力墙结构。历次地震震害表明，具有剪力墙的钢筋混凝土结构房屋具有较好的抗震性能，其震害一般

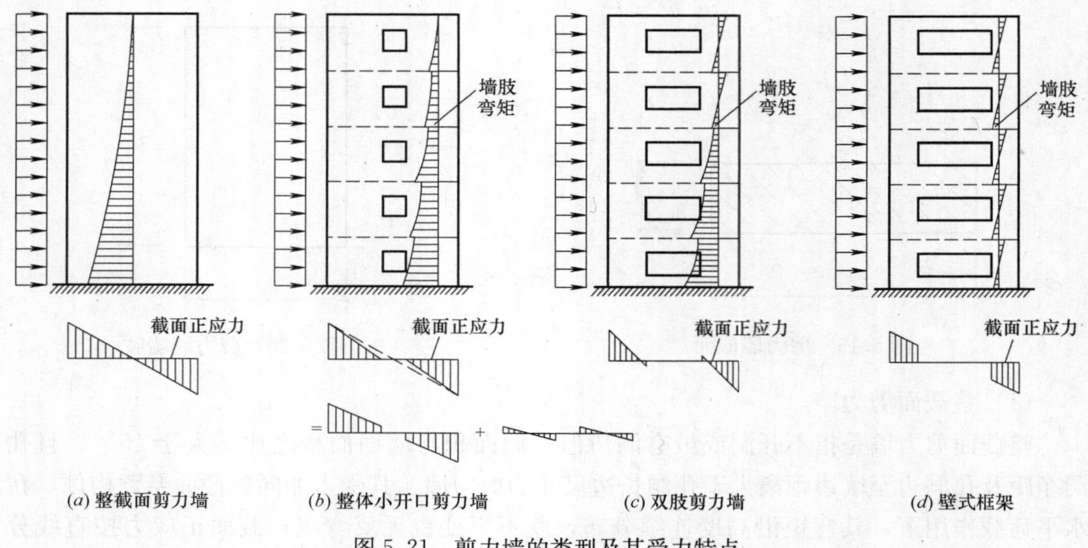

图 5.21　剪力墙的类型及其受力特点

较轻。在 2008 年 5 月 12 日的汶川地震中，具有剪力墙的钢筋混凝土房屋无一例倒塌，绝大部分结构主体基本完好或轻微损坏，小部分中等程度破坏。

1. 墙肢的震害

墙肢（整体墙和整体小开口墙）的破坏形态和剪力墙的剪跨比有关。剪跨比（M/Vh_{w0}）表示截面上弯矩与剪力的相对大小，是影响抗震墙破坏形态的重要因素。一般情况下，悬臂墙的剪跨比可以通过高宽比间接表示。剪跨比大的悬臂墙表现为高墙，剪跨比中等的称为中高墙，剪跨比很小的为矮墙。墙肢的破坏有以下几种情况：

（1）当剪力墙的高宽比较小，导致墙肢的总剪跨比较小时，墙肢中的斜向裂缝可能贯穿成大的斜向裂缝而出现剪切破坏。如果某个剪力墙局部墙肢的剪跨比较小，也可能出现局部墙肢的剪坏。图 5.22 为高宽比小的墙出现较为严重的“X”形剪切斜裂缝。

图 5.22　剪力墙的剪切破坏形态

（2）当剪跨比较大，并采取措施加强墙肢的抗剪能力时，剪力墙以弯曲变形为主，则出现墙肢的弯曲破坏，通常导致底部受压区混凝土压碎剥落，钢筋压屈等。图 5.23 为高宽比即剪跨比较大的剪力墙墙肢底部出现弯曲破坏的水平裂缝，角部混凝土压酥；图 5.24 为底部高宽比较大的剪力墙墙肢由于应力过大造成混凝土压碎，主筋压屈。

2. 联肢墙的震害

联肢抗震墙的抗震性能取决于墙肢的延性、连梁的延性及连梁的刚度和强度。

图 5.23 剪力墙的弯曲破坏形态（水平裂缝，角部混凝土压酥）

图 5.24 剪力墙的弯曲破坏形态（混凝土压碎，主筋压屈）

（1）若连梁的刚度及抗弯承载力较高时，连梁可能不屈服，这使联肢墙与前面介绍的墙肢类似，发生剪切破坏或弯曲破坏。

（2）若连梁承载力较低时，连梁屈服。

在开洞剪力墙中，由于洞口应力集中，连系梁端部极为敏感，在约束弯矩作用下，很容易在该处形成垂直方向的弯曲裂缝。当连系梁的跨度比较大时（跨度与梁高之比大于5），梁以受弯为主，可能出现弯曲破坏。但在多数情况下，剪力墙往往具有跨高比较小的高连梁（跨高比小于5），除了端部很容易出现垂直的弯曲裂缝，更容易出现斜向的剪切裂缝。当连系梁的剪力过大或抗剪箍筋不足时，有可能出现剪切破坏，使墙肢间丧失联系，剪力墙承载能力降低。图 5.25 为地震中高连梁发生剪切破坏的情况。

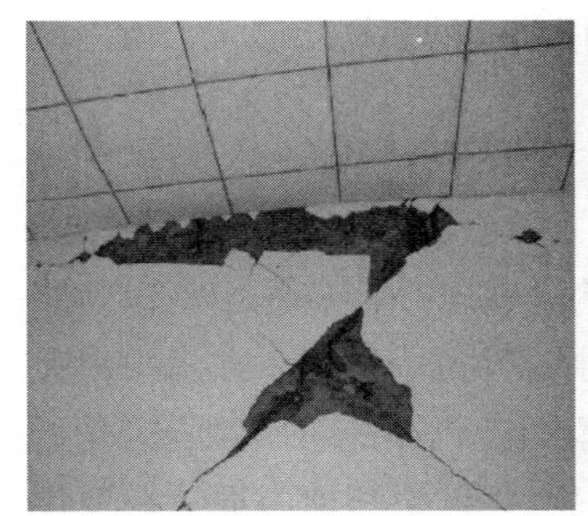

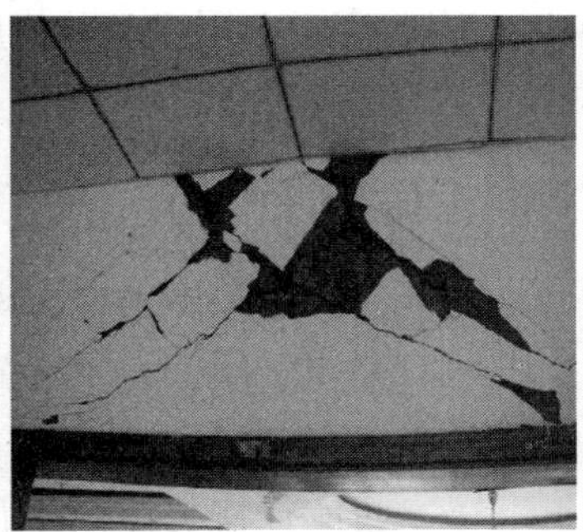

图 5.25 剪力墙跨高比较小的连梁的剪切破坏

5.2.4 混凝土剪力墙结构的抗震设计对策

钢筋混凝土剪力墙合理的破坏机制应该是：剪力墙的墙肢（包括整体墙、整体小开洞墙和联肢墙）的高宽比不应小于 2，使其呈弯剪破坏模式，且屈服应发生在墙的底部；联肢墙应是连梁先于墙肢屈服，且连梁宜在两端出现屈服，并有足够的变形能力，在墙段充分发挥抗震作用前不失效。为此，钢筋混凝土剪力墙墙肢抗震设计应采取如下措施：

（1）按强剪弱弯设计，尽量避免剪切破坏；

（2）加强墙底塑性铰区，提高墙肢的延性；
（3）限制墙肢轴压比，保证墙肢的延性；
（4）设置边缘构件，改善墙肢的延性；
（5）控制墙肢截面尺寸，避免过早剪切破坏。

连梁的抗震设计应采取如下措施：
（1）按强剪弱弯设计，尽量避免剪切破坏；
（2）控制连梁截面尺寸，避免过早剪切破坏；
（3）调整连梁内力，满足抗震性能要求；
（4）加强连梁配筋，提高连梁的延性。

5.3　框架-剪力墙结构

5.3.1　框架-剪力墙结构的定义

框架-剪力墙结构，俗称为框剪结构，是由框架和剪力墙所组成的一种组合结构体系，通过刚性楼盖将框架和剪力墙连接成一个整体，共同承担竖向荷载和水平荷载。框剪结构是一种比较好的抗侧力体系，在水平荷载作用下，框架和剪力墙协同工作，在结构底部框架侧移减小，在结构顶部剪力墙侧移减小。发生地震时，框剪结构中的剪力墙作为第一道防线，在剪力墙底部形成塑性铰后，框架作为第二道防线承担剩余荷载，因此框剪结构不仅改善了纯框架结构和纯剪力墙结构的抗震性能，也有利于减轻地震作用下非结构构件的破坏。框剪结构较框架而言，具有更大的抗侧刚度，最大适用高度与剪力墙结构相近；而较剪力墙结构而言，平面布置灵活，因此广泛应用于各种使用功能的多高层建筑，如办公楼、酒店、住宅、教学楼、图书馆、医院建筑等。

5.3.2　框架-剪力墙结构的共同工作特性

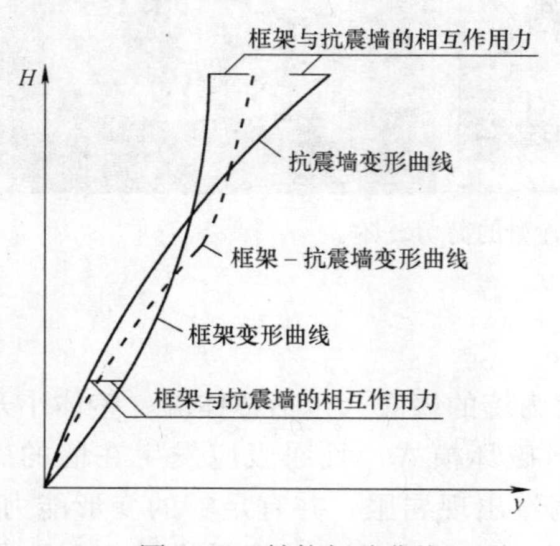

图 5.26　结构侧移曲线

对于纯框架结构，在水平荷载作用下以剪切变形为主；对于单独的剪力墙结构，在水平荷载作用下以弯曲变形为主。框架-剪力墙结构是通过刚性楼盖使钢筋混凝土框架和剪力墙协调变形共同工作的。在下部楼层，剪力墙位移较小，它使得框架必须按弯曲型变形，使之趋于减小变形，剪力墙协助框架工作，外荷载在结构中引起的总剪力将大部分由剪力墙承受；在上部楼层，抗震墙外倾，而框架内收，协调变形的结果是框架协助抗震墙工作，顶部较小的总剪力主要由框架承担，而抗震墙仅承受来自框架的负剪力。上述共同工作结果对框架受力十分有利，其受力比较均匀，故其总的侧移曲线为弯剪型（图 5.26）。

5.3.3 框架-剪力墙结构的震害

历次地震震害表明框架-剪力墙是对抗震较为有利的结构形式。剪力墙作为框架-剪力墙结构的第一道抗震防线，大约可承受50%以上的结构剪力，在地震中吸收了较多的能量，因此率先发生破坏，破坏的情况同5.2节剪力墙的破坏情况。

框架部分由于刚度较小，作为框架-剪力墙结构的第二道抗震防线，承担较小的地震作用，框架梁端、柱端和节点基本完好或轻微破坏，破坏程度明显低于纯框架结构的框架。

5.3.4 框架-剪力墙结构设计原则

框架-剪力墙由框架和剪力墙两种不同的抗侧力结构组成，为了达到较强的抗震能力，其框架部分和剪力墙部分分别按框架和剪力墙进行抗震设计外，还应满足《建筑抗震设计规范》第6.2.13条第1款“侧向刚度沿竖向分布基本均匀的框架-抗震墙结构和框架-核心筒结构，任一层框架部分承担的剪力值，不应小于结构底部总地震剪力的20%和按框架-抗震墙结构、框架-核心筒结构计算的框架部分各楼层地震剪力中最大值1.5倍二者的较小值”的规定，其原因是：

（1）框架-抗震墙结构是按框架和抗震墙协同工作原理计算的，计算结果往往是抗震墙承受大部分荷载，而框架承受的水平荷载则很小。工程设计中，考虑到抗震墙的间距较大，楼板的变形会使中间框架所承受的水平荷载有所增加；由于抗震墙的开裂、弹塑性变形的发展或塑性铰的出现，使得其刚度有所降低，致使抗震墙和框架之间的内力分配中，框架承受的水平荷载亦有所增加；

（2）从多道抗震设防的角度来看，框架作为结构抗震的第二道防线（第一道防线是抗震墙），也有必要保证框架有足够的安全储备。故框架-抗震墙结构中，框架所承受的地震剪力不应小于某一限值，以考虑上述影响。

5.4 砖混结构

我国由于经济发展起步较晚，落后时间较长，历史上遗留了很多砖混结构的建筑，包括现在内地很多经济不发达地区仍然大量修建砖混结构建筑。砖混结构房屋在我国中小城镇以及广大农村地区住宅建筑面积1/2以上约为20世纪70年代至今建造，多为2～4层，为农村房屋最主要结构形式，大部分为民宅、乡镇中小学校舍、农民自建房，在全国各地农村均有分布。

5.4.1 砖混结构的定义

砖混结构是指建筑物中竖向承重结构的墙、柱等采用砖或者砌块砌筑，横向承重的梁、楼板、屋面板等采用钢筋混凝土结构，也就是说砖混结构是以小部分钢筋混凝土及大部分砖墙承重的结构。由此可见，这类房屋的抗震能力取决于砖墙体的抗震强度。

5.4.2 砖混结构体系震害案例及原因

砖混结构房屋抗震性能较差，因为它本身墙体抗压强度较高，但其韧性较差，抗拉抗剪强度较低，所以在国内外历次地震中震害都比较严重，房屋的破坏程度也非常严重。

1923年日本关东地震中，东京约有砌体结构房屋7000幢，几乎全部遭到不同程度的破坏，灾害后仅有1000多幢平房能够修复使用。1948年苏联阿什巴哈地震中，砌体结构房屋的倒塌和破坏占70％～80％。1995年日本阪神地震和1999年土耳其伊兹米特地震，也都有大量的砌体结构房屋倒塌破坏。

我国城镇乡村大量房屋采用砌体结构形式，在历次地震中均遭到严重的破坏和倒塌。1996年2月3日云南丽江地震，震中附近房屋建筑破坏比例为77％，其中砌体结构房屋占最大比重；1996年5月3日包头地震，房屋建筑破坏比例为70％，其中砌体结构房屋也占最大比重；特别是从2007年的云南普洱6.4级地震、2008年的四川汶川8.0级地震、2010年的青海玉树7.1级地震的房屋震害情况来看，砖混结构房屋有80％以上倒塌，没有倒塌的，全部都开裂，成为危房。

1. 建筑物的层数

层数历来就是砖混结构设计中的一个控制指标，震害也反映了这个问题。层数越多，严重破坏或倒塌的可能也越大。图5.27是两幢倒塌或严重破坏的6层砖混住宅，7层的砖混住宅严重破坏或倒塌的更多，5层以下倒塌的砖混住宅就少多了。

(*a*) 南坝镇小学教学楼垮塌

(*b*) 汉旺镇铁路货运站宿舍楼倒塌

图5.27　6层砖混结构整体垮塌

2. 构造措施

砖混结构的圈梁和构造柱是抗震的重要保障。20世纪80年代建造的砖混结构按78规范设计，由于7度区19m以下的砖混结构中没有要求设置构造柱，只要求层层设圈梁，因此这类砖混结构是倒塌和严重破坏的主力。图5.28为没有设置构造柱的3层在建砖混住宅破坏。

建筑平面有凹凸的砖混结构，由于规范没有对凹凸部分要求设置构造柱，因此凹凸部分的倒塌情况也很多，如图5.29所示。

地震区大量的砌体结构学校和住宅普遍采用预制空心楼板。由于不按规范要求设置构造柱和圈梁，或施工中不按要求将预制空心板与圈梁或楼面大梁可靠拉结，地震中，由于

图 5.28　没有设置构造柱破坏的砖混结构

图 5.29　突出部分局部严重破坏的砖混结构

墙体破坏或外闪、预制板滑动、折断，导致楼板塌落，造成结构局部倒塌（图 5.30）。

图 5.30　预制空心板滑动塌落

3. 结构体系不合理

图 5.31 为都江堰市聚源中学教学楼，房屋开间较大，墙体较少，结构冗余度不够，地震中一旦某些构件破坏，整体结构形成机构而倒塌。图 5.32 为唐山市柴油机厂办公楼倒塌情况，该建筑为扇形平面，门厅高出两翼一层，平面和立面不规则，造成地震中门厅顶层倒塌，两翼由于扭转原因破坏严重。图 5.33 为都江堰市中医院住院部大楼，平面上

为L形布局，地震中L形一翼由于扭转原因倒塌。图5.34为汉旺镇某住宅楼局部缩进，地震中缩进部分成为薄弱部分而倒塌。

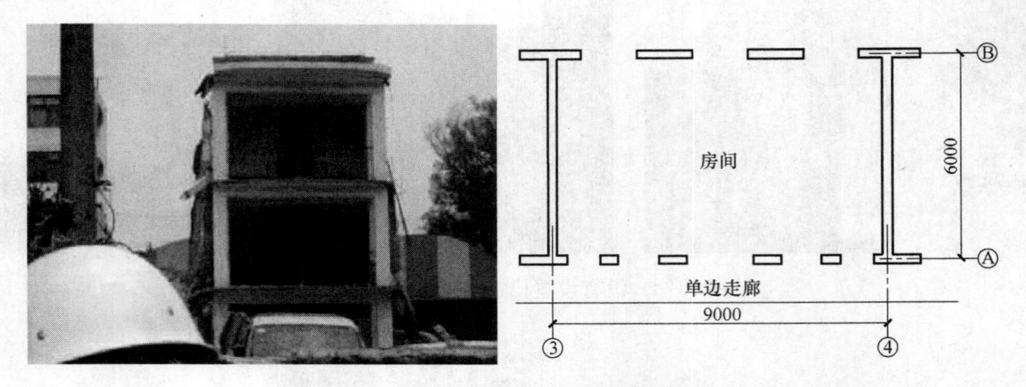

图5.31　都江堰聚源中学倒塌教学楼

图5.32　唐山市柴油机厂办公楼

图5.33　都江堰市中医院住院部

图5.34　汉旺镇某住宅楼

4. 墙体抗震承载力不足

墙体的破坏主要原因是抗剪强度不足，表现为斜裂缝，在地震反复作用下，墙体更多表现为斜向交叉裂缝，如果墙体的高宽比接近1，则墙体呈现X形交叉裂缝（图5.35）；

若墙体的高宽比更小，则在墙体中间部位出现水平裂缝。如果墙体破坏加重，丧失承受荷载的能力，将导致楼（屋）盖坍落。

图 5.35　汶川地震中墙体的破坏

5. 转角处墙体、内外墙交接处的破坏

房屋转角处，由于刚度较大，必然吸收较多的地震作用，且在转角处墙体受到两个水平方向的地震作用，出现应力集中，从而导致转角墙体首先破坏。

由于砌体强度低，或存在内外墙不同时施工、施工缝留直槎、未按放坡留槎规定操作、未按要求设置拉结筋等施工质量问题，或抗震设计未设置足够的圈梁、构造柱等问题，内外墙交接处会因连接不足而发生破坏（图 5.36）。

(*a*) 汉旺镇某住宅楼

(*b*) 都江堰市某住宅楼

图 5.36　砌体房屋内外墙交接处破坏

6. 楼梯间破坏

主要是楼梯间墙体的破坏，它比其他部位的墙体破坏还要严重，而楼梯本身破坏很少。由于楼梯间开间较小，墙体平面外的约束较差，在水平方面的刚度相对较大，因而地震的作用力也较大，又因墙体的高厚比较大，故容易出现破坏（图 5.37、图 5.38）。特别是房屋顶层楼梯间，墙体较高，相当于一层半，平面外约束力减小，其稳定性差，当地震来临时，此部位的破坏程度比其他部位更加严重，甚至出现倒塌。

图 5.37　都江堰中学教学楼楼梯间破坏

图 5.38　塌落的梯段

7. 墙体开洞过多引起的破坏

由于外墙面开洞过多过大，严重削弱承重墙体的承载能力和整体性，尤其是楼梯间外隔墙处的窗洞常常使圈梁在此断开，加上墙体砌筑砂浆强度低，砌块搭接长度不足等原因，使得此类墙体遭遇地震后产生严重裂缝，大大削弱结构的整体承载力。特别是门窗洞口预制过梁坐浆强度不高，甚至过梁未铺设坐浆，在地震作用下，造成裂缝在过梁底及端面展开，直到断裂破坏。当洞口过大过高时，受剪弯作用影响，洞口边缘垂直方向墙体就没有有效约束，容易失稳而首先发生破坏。图 5.39 为在建住宅楼，由于门窗开洞太大削弱了结构纵向的抗震承载力，尤其是大梁下的窗间墙破坏，产生结构的局部倒塌，进而引起整个建筑物的倒塌。

图 5.39　窗间墙破坏导致房屋破坏

8. 地基沉降与楼板的破坏

砖混结构通常采用墙下条形浅基础，基槽开挖后，地基没有经过人工处理，直接用石块砌筑基础。在地震作用下，未能满足抗震要求的地基往往易产生沉降，对于局部承载力较小的地方就会沉降得更加严重，造成地基不均匀沉降，并将薄构件的楼板拉裂，楼板的边角处往往被拉出一条贯通裂缝（图 5.40）。

总体来说砖混结构房屋在地震中存在问题可以归结为以下两点：一是结构布置不合理，特别是学校教学楼很多采用纵墙承重，开间大，门窗洞口大，外挑走廊；二是抗震构造措施不到位，墙体普遍开裂，预制空心楼板无拉结、无后浇叠合层，没有构造柱，也没有圈梁，所以若遇到较大的地震，就会发生整体性倒塌，甚至是粉碎性倒塌。

图 5.40 由于地基沉降引起的楼板破坏

5.4.3 砖混结构体系抗震措施

多层砌体房屋在强烈地震作用下极易倒塌，因此，防倒塌是多层砌体房屋抗震设计的重要问题。多层砌体房屋的抗倒塌，不是依靠罕遇地震作用下的抗震变形验算来保障，而主要是通过房屋的总体布置和细部构造措施方面来解决。

1. 概念设计

多层砌体房屋比其他结构更要注意保持平面、立面规则的体型和抗侧力墙体的均匀布置。由于多层砌体房屋一般都采用简化的抗震计算方法，对于体型复杂的结构和抗侧力构件布置不均匀的结构，其应力集中和扭转的影响，以及抗震薄弱部位均难以估计，细部的构造也较难处理。

（1）大量的震害表明，平面不规则、立面复杂和屋面局部突出等多层砌体房屋的震害都比较严重，因此抗震规范第 7.1.7 条规定：多层砌体房屋的建筑布置和结构体系，应符合下列要求：

1）应优先采用横墙承重或纵横墙共同承重的结构体系，不应采用砌体墙和混凝土墙混合承重的结构体系。

2）纵横向砌体抗震墙的布置应符合下列要求：

① 宜均匀对称，沿平面内宜对齐，沿竖向应上下连续，且纵横向墙体的数量不宜相差过大；

② 当平面轮廓凹凸尺寸超过典型尺寸 25%时，转角处应采取加强措施；

③ 楼板局部大洞口的尺寸不宜超过楼板宽度的 30%，且不应在墙体两侧同时开洞；

④ 不超过层高 1/4 的较大错层，应按两层计算。错层部位的墙体应采取加强措施；

⑤ 同一轴线上的窗间墙宽度宜均匀。墙面洞口的面积，6、7 度时不宜大于墙面总面积的 55%，8、9 度时不宜大于 50%；

⑥ 横向中部应设置内纵墙，其累计长度不宜少于房屋总长度的 60%（高宽比大于 4 的墙段不计入）。

3）房屋有下列情况之一时宜设置防震缝，缝两侧均应设置墙体，缝宽应根据烈度和房屋高度确定，可采用 70～100mm：

① 房屋立面高差在 6m 以上；

② 房屋有错层，且楼板高差大于层高的 1/4；

③ 各部分结构刚度、质量截然不同。

4）楼梯间不宜设置在房屋的尽端或转角处。

5）不应在房屋转角处设置转角窗。

6）横墙较少、跨度较大的房屋，宜采用现浇钢筋混凝土楼、屋盖。

（2）多层房屋的抗震能力与房屋的总高度有直接联系。因此，抗震规范第 7.1.2 条规定： 多层房屋的层数和高度应符合下列要求：

① 一般情况下，房屋的层数和总高度不应超过表 5.1 的规定。

房屋的层数和总高度限值（m） **表 5.1**

房屋类别		最小抗震墙厚度（mm）	烈度（设计基本地震加速度）											
			6		7				8				9	
			0.05g		0.10g		0.15g		0.20g		0.30g		0.40g	
			高度	层数	高度	层数	高度	层数	高度	层数	高度	层数	高度	层数
多层砌体房屋	普通砖	240	21	7	21	7	21	7	18	6	15	5	12	4
	多孔砖	240	21	7	21	7	18	6	18	6	15	5	9	3
	多孔砖	190	21	7	18	6	15	5	15	5	12	4	—	—
	小砌块	190	21	7	21	7	18	6	18	6	15	5	9	3
底部框架-抗震墙砌体房屋	普通砖 多孔砖	240	22	7	22	7	19	6	19	6	13	4	—	—
	多孔砖	190	22	7	19	6	16	5	16	5	10	3	—	—
	小砌块	190	22	7	22	7	19	6	19	6	13	4	—	—

注：1. 房屋的总高度指室外地面到主要屋面板板顶或檐口的高度，半地下室从地下室室内地面算起，全地下室和嵌固条件好的半地下室应允许从室外地面算起；对带阁楼的坡屋面应算到山尖墙的 1/2 高度处；

2. 室内外高差大于 0.6m 时，房屋总高度应允许比表中的数据适当增加，但不应多于 1.0m；

3. 乙类设防的多层砌体房屋仍按本地区设防烈度查表，其层数应减少一层且总高度应降低 3m；不应采用底部框架-抗震墙砌体房屋；

4. 本表小砌块砌体房屋不包括配筋混凝土小型空心砌块砌体房屋。

② 横墙较少的多层砌体房屋，总高度应比表 5.1 的规定降低 3m，层数相应减少一层；各层横墙很少的多层砌体房屋，还应再减少一层。

注：横墙较少是指同一楼层内开间大于 4.2m 的房间占该层总面积的 40%～80%；横墙很少是指同一楼层内开间大于 4.2m 的房间占该层总面积的 80%以上。

③ 6、7 度且丙类设防的横墙较少的多层砌体房屋，当按规定采取加强措施并满足抗震承载力要求时，其高度和层数应允许仍按表 5.1 的规定采用。

④ 采用蒸压灰砂砖和蒸压粉煤灰砖砌体的房屋，当砌体的抗剪强度仅达到普通黏土砖砌体的 70%时，房屋的层数应比普通砖房减少一层，高度应减少 3m；当砌体的抗剪强度达到普通砖砌体的取值时，房屋的层数和高度同普通砖房屋。

（3）为了防止多层砌体房屋的整体弯曲破坏，抗震规范第 7.1.4 条规定：多层砌体房屋总高度与总宽度的最大比值，宜符合表 5.2 的要求。

（4）多层砌体房屋的横向水平地震作用主要由横墙承担。对于横墙，除了要求满足抗震承载力外，还要使横墙间距能够保证楼盖对传递水平地震作用所需的刚度要求。抗震规范第 7.1.5 条规定：房屋抗震横墙的间距，不应超过表 5.3 的要求。

房屋最大高宽比 表 5.2

烈度	6	7	8	9
最大高宽比	2.5	2.5	2.0	1.5

注：1. 单面走廊房屋的总宽度不包括走廊宽度；
2. 建筑平面接近正方形时，其高宽比宜适当减小。

房屋抗震横墙的间距 表 5.3

<table>
<tr><th colspan="3" rowspan="2">房屋类别</th><th colspan="4">烈度</th></tr>
<tr><th>6</th><th>7</th><th>8</th><th>9</th></tr>
<tr><td rowspan="3">多层砌体房屋</td><td colspan="2">现浇或装配整体式钢筋混凝土楼、屋盖</td><td>15</td><td>15</td><td>11</td><td>7</td></tr>
<tr><td colspan="2">装配式钢筋混凝土楼、屋盖</td><td>11</td><td>11</td><td>9</td><td>4</td></tr>
<tr><td colspan="2">木屋盖</td><td>9</td><td>9</td><td>4</td><td>—</td></tr>
<tr><td colspan="2" rowspan="2">底部框架-抗震墙砌体房屋</td><td>上部各层</td><td colspan="3">同多层砌体房屋</td><td>—</td></tr>
<tr><td>底层或底部两层</td><td>18</td><td>15</td><td>11</td><td>—</td></tr>
</table>

注：1. 多层砌体房屋的顶层，除木屋盖外的最大横墙间距应允许适当放宽，但应采取相应加强措施；
2. 多孔砖抗震横墙厚度为 190mm 时，最大横墙间距应比表中数值减少 3m。

（5）墙体是多层砌体房屋最基本的承重构件和抗侧力构件，地震时房屋倒塌往往是从墙体破坏开始，故应保证房屋的各道墙体同时发挥它们的最大抗剪能力，并避免由于薄弱部位抗震承载力不足而发生破坏，导致逐个破坏，进而造成整栋房屋的破坏，甚至倒塌。抗震规范第 7.1.6 条规定：多层砌体房屋中砌体墙段的局部尺寸限值，宜符合表 5.4 的要求。

房屋的局部尺寸限值（m） 表 5.4

部位	6 度	7 度	8 度	9 度
承重窗间墙最小宽度	1.0	1.0	1.2	1.5
承重外墙尽端至门窗洞边的最小距离	1.0	1.0	1.2	1.5
非承重外墙尽端至门窗洞边的最小距离	1.0	1.0	1.0	1.0
内墙阳角至门窗洞边的最小距离	1.0	1.0	1.5	2.0
无锚固女儿墙（非出入口处）的最大高度	0.5	0.5	0.5	0.0

注：1. 局部尺寸不足时，应采取局部加强措施弥补，且最小宽度不宜小于 1/4 层高和表列数据的 80%；
2. 出入口处的女儿墙应有锚固。

2. 抗震构造措施

（1）抗震规范第 7.3.1 条规定：各类多层砖砌体房屋，应按下列要求设置现浇钢筋混凝土构造柱（以下简称构造柱）：

① 构造柱设置部位，一般情况下应符合表 5.5 的要求。

② 外廊式和单面走廊式的多层房屋，应根据房屋增加一层的层数，按表 5.5 的要求设置构造柱，且单面走廊两侧的纵墙均应按外墙处理。

③ 横墙较少的房屋，应根据房屋增加一层的层数，按表 5.5 的要求设置构造柱。当横墙较少的房屋为外廊式或单面走廊式时，应按本条②款要求设置构造柱，但 6 度不超过四层、7 度不超过三层和 8 度不超过二层时应按增加二层的层数对待。

④ 各层横墙很少的房屋，应按增加二层的层数设置构造柱。

⑤ 采用蒸压灰砂砖和蒸压粉煤灰砖的砌体房屋，当砌体的抗剪强度仅达到普通黏土砖砌体的70%时，应根据增加一层的层数按本条①～④款要求设置构造柱；但6度不超过四层、7度不超过三层和8度不超过二层时应按增加二层的层数对待。

多层砖砌体房屋构造柱设置要求　　表5.5

<table>
<tr><th colspan="4">房屋层数</th><th colspan="2" rowspan="2">设置部位</th></tr>
<tr><th>6度</th><th>7度</th><th>8度</th><th>9度</th></tr>
<tr><td>四、五</td><td>三、四</td><td>二、三</td><td></td><td rowspan="3">楼、电梯间四角，楼梯段上下端对应的墙体处；外墙四角和对应转角；错层部位横墙与外纵墙交接处；大房间内外墙交接处；较大洞口两侧</td><td>隔12m或单元横墙与外纵墙交接处；楼梯间对应的另一侧内横墙与外纵墙交接处</td></tr>
<tr><td>六</td><td>五</td><td>四</td><td>二</td><td>隔开间横墙（轴线）与外墙交接处；山墙与内纵墙交接处</td></tr>
<tr><td>七</td><td>≥六</td><td>≥五</td><td>≥三</td><td>内墙（轴线）与外墙交接处；内墙的局部较小墙垛处；内纵墙与横墙（轴线）交接处</td></tr>
</table>

注：较大洞口，内墙指不小于2.1m的洞口；外墙在内外墙交接处已设置构造柱时其洞口允许适当放宽，但洞侧墙体应加强。

（2）抗震规范第7.3.3条规定：多层砖砌体房屋的现浇钢筋混凝土圈梁设置应符合下列要求：

① 装配式钢筋混凝土楼、屋盖或木屋盖的砖房，应按表5.6的要求设置圈梁；纵墙承重时，抗震横墙上的圈梁间距应比表内要求适当加密。

② 现浇或装配整体式钢筋混凝土楼、屋盖与墙体有可靠连接的房屋，应允许不另设圈梁，但楼板沿抗震墙体周边均应加强配筋并应与相应的构造柱钢筋可靠连接。

多层砖砌体房屋现浇钢筋混凝土圈梁设置要求　　表5.6

<table>
<tr><th rowspan="2">墙类</th><th colspan="3">烈度</th></tr>
<tr><th>6、7</th><th>8</th><th>9</th></tr>
<tr><td>外墙和内纵墙</td><td>屋盖处及每层楼盖处</td><td>屋盖处及每层楼盖处</td><td>屋盖处及每层楼盖处</td></tr>
<tr><td>内横墙</td><td>同上；屋盖处间距不应大于4.5m；楼盖处间距不应大于7.2m；构造柱对应部位</td><td>同上；各层所有横墙，且间距不应大于4.5m；构造柱对应部位</td><td>同上；各层所有横墙</td></tr>
</table>

（3）抗震规范第7.3.5条规定：多层砖砌体房屋的楼、屋盖应符合下列要求：

① 现浇钢筋混凝土楼板或屋面板伸进纵、横墙内的长度，均不应小于120mm。

② 装配式钢筋混凝土楼板或屋面板，当圈梁未设在板的同一标高时，板端伸进外墙的长度不应小于120mm，伸进内墙的长度不应小于100mm或采用硬架支模连接，伸进梁不应小于80mm或采用硬架支模连接。

③ 当板的跨度大于4.8m并与外墙平行时，靠外墙的预制板侧边应与墙或圈梁拉结。

④ 房屋端部大房间的楼盖、6度时房屋的屋盖和7～9度时房屋的楼、屋盖，当圈梁设在板底时，钢筋混凝土预制板应相互拉结，并应与梁、墙或圈梁拉结。

（4）抗震规范第7.3.6条规定：楼、屋盖的钢筋混凝土梁或屋架应与墙、柱（包括构造柱）或圈梁可靠连接。6度时，梁与配筋砖柱（墙垛）的连接不应削弱柱截面，独立砖柱（墙垛）顶部应在两个方向均有可靠连接；7～9 度时不得采用独立砖柱。跨度不小于 6m 大梁的支承构件应采用组合砌体等加强措施，并满足承载力要求。

（5）抗震规范第 7.3.7 条规定：6、7 度时长度大于 7.2m 的大房间、以及 8、9 度时外墙转角及内外墙交接处，应沿墙高每隔 500mm 配置 2ϕ6 的通长钢筋和 ϕ4 分布短筋平面内点焊组成的拉结网片或 ϕ4 点焊网片。

（6）抗震规范第 7.3.8 条规定：楼梯间尚应符合下列要求：

① 顶层楼梯间横墙和外墙应沿墙高每隔 500mm 设 2ϕ6 通长钢筋和 ϕ4 分布短钢筋平面内点焊组成的拉结网片或 ϕ4 点焊网片；7～9 度时其他各层楼梯间墙体应在休息平台或楼层半高处设置 60mm 厚、纵向钢筋不应少于 2ϕ10 的钢筋混凝土带或配筋砖带，配筋砖带不少于 3 皮，每皮的配筋不少于 2ϕ6，砂浆强度等级不应低于 M7.5 且不低于同层墙体的砂浆强度等级。

② 楼梯间及门厅内墙阳角处的大梁支承长度不应小于 500mm，并应与圈梁连接。

③ 装配式楼梯段应与平台板的梁可靠连接，8、9 度时不应采用装配式楼梯段。不应采用墙中悬挑式踏步或踏步竖肋插入墙体的楼梯。不应采用无筋砖砌栏板。

④ 突出屋顶的楼、电梯间，构造柱应伸到顶部，并与顶部圈梁连接。所有墙体应沿墙高每隔 500mm 设 2ϕ6 通长钢筋和 ϕ4 分布短筋平面内点焊组成的拉结网片或 ϕ4 点焊网片。

5.5 钢结构

钢结构强度高、重量轻、延性和韧性好，综合抗震性能好，但由于经济原因，长期以来，钢结构在我国的应用以工业厂房、大中城市的影剧院、体育馆为主，多高层钢结构在我国起步较晚，直到改革开放后才开始大量应用。因此，唐山地震中钢结构的震害较少，汶川地震中震区的多高层钢结构较少，结构以砌体和混凝土结构为主，钢结构的震害以厂房和空间网架结构居多。本节主要根据美国、日本等国外多高层钢结构的震害调查，说明钢结构建筑的破坏原因。

5.5.1 钢结构的震害

钢结构的震害主要有柱脚基础的破坏、梁柱节点连接的破坏、其他连接部位的破坏、大截面构件脆性断裂以及结构的整体倒塌等几种形式。

1. 柱脚、基础的震害

主要表现为部分外露式柱脚混凝土破坏，锚固螺栓拔出或断裂（图 5.41）。震害的主要原因是由于大的倾覆力矩引起轴力变化，造成强度不足。

图 5.41 柱脚混凝土破坏锚栓拔出

图 5.42　梁柱节点连接的破坏

2. 梁柱节点连接的破坏

1994 年美国北岭地震和 1995 年日本阪神地震均造成了很多梁柱刚性节点的破坏。图 5.42 为阪神地震中带有外伸横隔板的箱形柱与 H 型钢梁刚性节点的破坏形式。震害的主要原因是存在大的弯矩，加上焊缝金属冲击韧性低，焊缝存在缺陷，特别是下翼缘梁端现场焊缝中部，因腹板妨碍焊接和检查，出现不连续焊缝，梁翼缘端部全熔透坡口焊的衬板边缘形成人工缝，在弯矩作用下扩大，梁端焊缝通过孔边缘出现应力集中，引发裂缝向平材扩展，造成节点部位强度不足。裂缝主要出现在下翼缘，是因为梁上翼缘有楼板加强，且上翼缘焊缝无腹板妨碍施焊。

3. 大截面钢柱脆性断裂

1995 年阪神地震中，位于芦屋市海滨城高层住宅小区的 21 栋巨型钢框架结构的住宅楼中，共有 53 根钢柱发生了断裂，所有箱形截面柱的断裂均发生在 14 层以下的楼层里，且均为脆性受拉断裂，断口呈水平状。在神户市 JR 线三之宫车站圆钢管柱也发生了脆断（图 5.43）。其原因可能能与高速往复地震作用伴随的竖向地震拉弯破坏有关。

图 5.43　大截面钢柱脆性断裂

4. 柱间支撑及连接的破坏

在多次地震中都出现过支撑与节点板连接的破坏或支撑与柱的连接的破坏、支撑杆件的整体失稳和局部失稳（图 5.44、图 5.45）。支撑是框架-支撑结构和工业厂房中最主要的抗侧力部分，一旦地震发生，它将首当其冲承受水平地震作用，在罕遇地震作用下，中心支撑构件会受到巨大的往复拉压作用，一般都会发生整体失稳现象，并进入塑性屈服状态。采用螺栓连接的支撑破坏形式包括支撑截面削弱处的断裂、节点板端部剪切滑移破坏以及支撑杆件螺孔间剪切滑移破坏。

5. 大跨度钢结构的破坏

大跨度钢结构的震害包括屋架支撑的失稳、屋盖支座螺栓破坏、网架结构周边支承桁架的杆件破坏、网架球节点连接破坏等（图 5.46～图 5.48）。当支撑构件的组成板件宽厚

图 5.44 汶川地震厂房柱间支撑失稳

图 5.45 汶川地震柱间支撑失稳断裂

比较大时，往往伴随着整体失稳出现板件的局部失稳现象，进而引发低周疲劳和断裂破坏，这在以往的震害中并不少见。试验研究表明，要防止板件在往复塑性应变作用下发生局部失稳，进而引发低周疲劳破坏，必须对支撑板件的宽厚比进行限制，且应比塑性设计的还要严格。

图 5.46 屋架垂直支撑失稳

图 5.47 屋架水平支撑失稳

图 5.48 汶川地震网架杆件从节点拔出

6. 结构的倒塌和层间破坏

1985 墨西哥大地震中，墨西哥市的 PinoSuarez 综合大楼的三个 22 层的钢结构塔楼之一倒塌，其余二栋也发生了严重破坏（图 5.49～图 5.52）。这三栋塔楼的结构体系均为框架-支撑结构，主要原因之一是由于纵横向垂直支撑偏位设置，导致刚度中心和质量中心相距太大，在地震中产生了较大的扭转效应。

5.5.2 钢结构的基本抗震措施

1. 结构的延性类别

结构体系可根据其受力和变形特点、梁柱节点连接形式和塑性铰区构件截面类别分为表 5.7 规定的四个延性类别。不满足表 5.7 要求的结构体系定义为低延性结构，可用于 7 度及以下地区。低延性结构不需要满足Ⅰ～Ⅳ类延性结构的抗震构造要求，其余设计验算内容与Ⅰ～Ⅳ类延性结构相同。

图5.49　轻钢框架倾斜

图5.50　钢框架中间层倒塌

图5.51　梁柱连接螺栓脱落

图5.52　钢框架底层倒塌

结构体系的延性类别　　表5.7

延性类别	结构体系	抗震构造要求		
		梁柱节点连接形式	塑性铰区截面类别	其他
Ⅰ类	普通框架	传统	A、B、C	—
	普通中心支撑框架	传统	A、B、C	单重
	普通框架-钢筋混凝土墙板结构	传统	A、B、C	单重
	普通框筒、普通桁架筒	传统	A、B、C	—
Ⅱ类	延性框架	传统改进 半刚性连接	A、B	—
	延性中心支撑框架	传统改进	A、B	单重或双重
	延性框架-钢筋混凝土墙板结构	传统改进	A、B	双重
	普通框架-内藏钢板混凝土墙板结构	传统改进	A、B	单重或双重
	延性框筒、延性桁架筒	传统改进	A、B	—
	普通筒中筒、普通束筒	传统	A、B	—

续表

延性类别	结构体系	抗震构造要求		
		梁柱节点连接形式	塑性铰区截面类别	其他
Ⅲ类	高延性中心支撑框架	传统改进	A、B	双重
	延性偏心支撑框架	传统改进	A、B	—
	延性屈曲约束支撑框架	传统、传统改进	A、B	—
	高延性框架-钢筋混凝土墙板结构	改进	A、B	双重
	延性框架-内藏钢板混凝土墙板结构	改进	A、B	单重或双重
	框架-组合钢板墙结构	传统改进	A、B	单重或双重
	延性框架-钢板墙结构	传统改进	A、B	单重
	高延性框筒	改进	A、B	—
	延性筒中筒、延性束筒	传统改进	A、B	—
Ⅳ类	高延性框架	改进	A	—
	高延性偏心支撑框架	改进	A	梁柱刚接、单重或双重
	高延性屈曲约束支撑框架	改进	A	梁柱刚接、单重或双重
	高延性框架-钢板墙结构	改进	A	双重
	高延性筒中筒、高延性束筒	改进	A	—

注：1. 表“单重”和“双重”分别指该结构体系为单重抗侧力体系和双重抗侧力体系；
2. 抗震构造要求除了表中内容外，可能出现塑性铰的钢柱长细比尚应满足：在Ⅰ、Ⅱ类延性结构中不大120，在Ⅲ、Ⅳ类延性结构中不大于60；
3. 表中截面类别A、B、C、D含义见本节2。

2. 保证结构延性水平的几个关键构造措施

(1) 梁柱刚性节点的延性要求

节点形式按延性划分为传统形式（图5.53）、传统改进形式（图5.54）和改进形式（图5.55）。不同结构延性类别对节点形式及塑性转动能力的要求见表5.8。

(2) 梁柱截面的延性要求

梁柱截面按延性分为A、B、C、D四类：A类为能够形成具有足够转动能力的塑性铰；B类为能够达到塑性抗弯承载力，但转动能力有限；C类为受压边缘能够达到屈服强度，但因发生局部屈曲而无法达到塑性抗弯承载力；D类为受压边缘尚未达到屈服强度即发生局部屈曲。

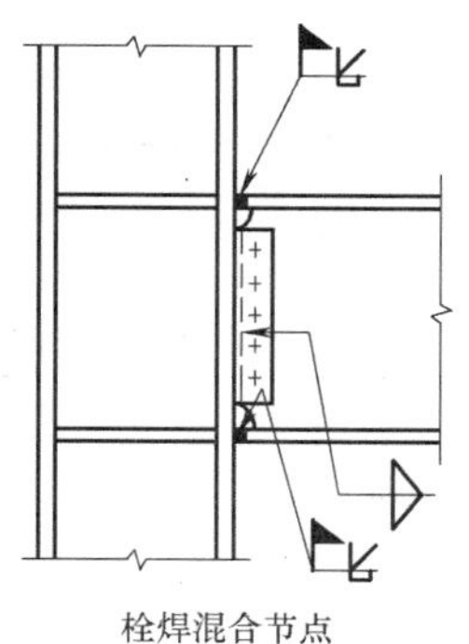
栓焊混合节点
图5.53 传统形式

框架梁、柱板件宽厚比限值见表5.9。D类截面不需要满足表中的抗震构造要求，但需满足钢结构设计的其他规定。

(3) 构件长细比的延性要求

根据结构延性类别，构件长细比限值见表5.10 。

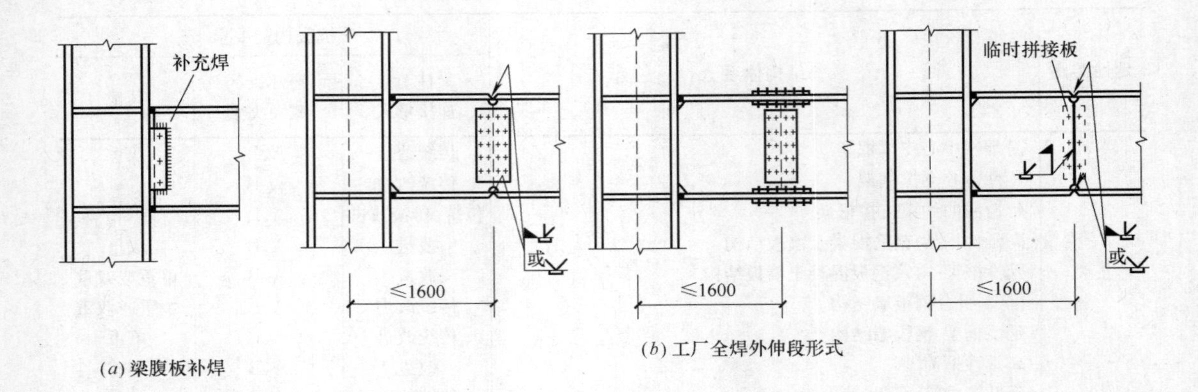

图 5.54　传统改进形式

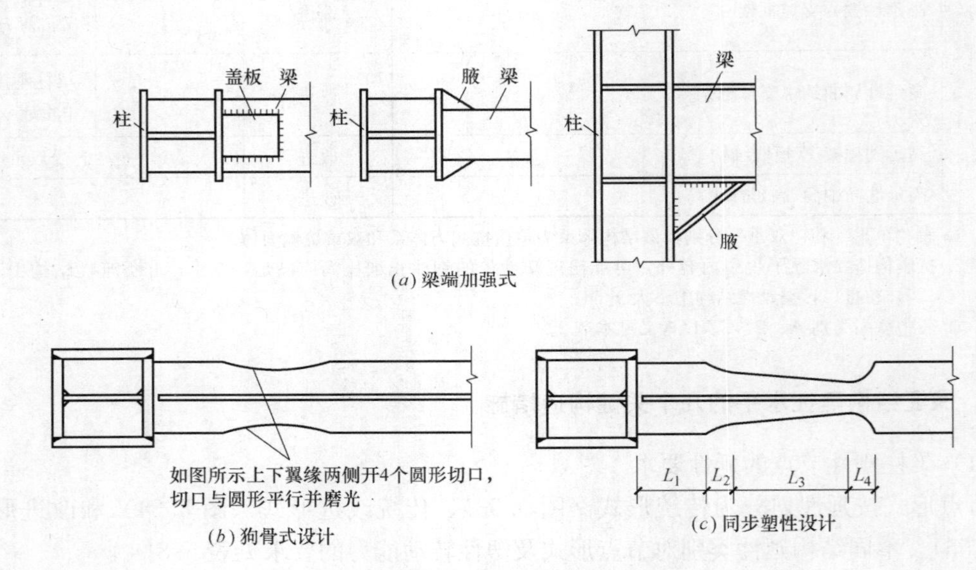

图 5.55　改进形式

对节点形式及塑性转动能力的要求　　**表 5.8**

延性类别	节点形式	塑性转动能力(rad)
Ⅱ	传统改进形式	0.02
Ⅲ、Ⅳ	传统改进形式、改进形式	0.03

框架梁、柱板件宽厚比限值　　**表 5.9**

截面类别	梁			柱		
	A	B	C	A	B	C
工字形、箱形截面翼缘外伸部分	9	11	15	10	13	15
箱形截面两腹板间的翼缘	33	38	42	35	37	40
工字形、箱形截面的腹板	72	80	85	43	43	45

塑性构件长细比限值 **表 5.10**

结构延性类别	Ⅰ、Ⅱ类	Ⅲ、Ⅳ类
可能出现塑性铰的柱	120	60

参 考 文 献

[1] 赵鹏. 框架结构震害特征简析及三维灾害场景实现初步 [D]. 中国地震局工程力学研究所，2010.

[2] Junwu DAI，Baitao SUN. Seismic Damage of R/C Frame Structures in Ms8. 0 Wenchuan Earthquake [C]. The 14th Conference on Earthquake Engineering，October 12-17，2008，Beijing China.

[3] Ye Lieping，Lu Xinzheng，Qu Zhe，Feng Peng. Analysis on Building Seismic Damage in the Wenchuan Earthquake [C]. The 14th Conference on Earthquake Engineering，October 12-17，2008，Beijing China.

[4] Bixiong Li，Zhe Wang，Khalid M. Mosalam，Heping Xie. Wenchuan Earthquake Field Reconnaissance on Reinforced Concrete Framed Buildings With and Without Masonry Infill Walls [C]. The 14th Conference on Earthquake Engineering，October 12-17，2008，Beijing China.

[5] 王亚勇，黄卫. 汶川地震建筑震害启示录 [M]. 北京：地震出版社，2009.

[6] 黄世敏，杨沈. 建筑震害与设计对策 [M]. 北京：中国计划出版社，2009.

[7] 中华人民共和国国家标准. 建筑抗震设计规范 GB 50011—2010 [S]. 北京：中国建筑工业出版社，2010.

[8] 章丛俊，宗兰. 高层建筑结构设计 [M]. 南京：东南大学出版社，2014.

[9] 中华人民共和国国家标准. 高层建筑混凝土结构技术规程 JGJ 3—2010 [S]. 北京：中国建筑工业出版社，2010.

[10] 李爱群，高振世，张志强. 工程结构抗震与防灾 [M]. 南京：东南大学出版社，2012.

[11] 林玮，李巨文. 多层砌体房屋抗震加固方法述评 [J]. 地震工程与工程振动，2006，06：144-146.

[12] 张钢军. 浅谈砖混结构震害产生原因及防治措施 [J]. 科技创新导报，2013，27：81-82.

[13] 薛彦涛. 汶川地震砖混结构的震害原因分析和设计改进意见 [J]. 建筑结构，2009，S1：639-642.

[14] 清华大学土木工程结构专家组，西南交通大学土木工程结构专家组，北京交通大学土木工程结构专家组，叶列平，陆新征. 汶川地震建筑震害分析 [J]. 建筑结构学报，2008，04：1-9.

[15] 尹保江，杨沈，肖疆. 钢结构震损建筑抗震加固修复技术研究 [J]. 土木工程与管理学报，2011，03：83-88.

[16] 沈祖炎，孙飞飞. 关于钢结构抗震设计方法的讨论与建议 [J]. 建筑结构，2009，11：115-122.

第6章　非结构构件的震害

6.1　填充墙

研究和设计中常将填充墙作为非结构构件处理，实际上在地震作用下填充墙与框架是共同工作的，填充墙的存在不仅改变了结构体系的刚度、强度及其分布，还对主体结构构件的局部约束条件产生不利影响。现行规范的处理办法是对框架结构周期乘以0.6～0.7的折减系数来考虑填充墙对结构刚度的贡献，并通过弹性层间位移角限值实现“小震不坏”。然而，填充墙的破坏同样会造成人员伤亡和经济损失。1987年美国加州 Whittier Narrows 地震中在一个停车场建筑中出现了填充墙体倒塌砸死学生的情况，而在2008年5月12日汶川8.0级地震中同样出现了大量由于填充墙破坏造成的人员伤亡情况。

图6.1　填充墙作为第一道防线严重破坏

6.1.1　填充墙的震害特点

图6.1为填充墙在大震中充当第一道防线而遭受严重破坏，此时填充墙对框架结构是有利的，这是我们所期望的破坏模式，但同时也看到许多填充墙在中小震时也产生严重破坏，造成室内装修、非结构构件和设备等严重经济损失。

在5.12汶川地震中，灾区现场观察到的填充墙震害包括以下几种：

图6.2　填充墙外墙X形剪切裂缝

图6.3　配电箱处填充隔墙墙体破坏

（1）斜向或交叉斜向剪切裂缝（图 6.2、图 6.3）；
（2）水平或竖向墙体-框架界面裂缝（图 6.4）；
（3）填充墙局部砌块脱落（图 6.5）；
（4）填充墙倒塌（图 6.6、图 6.7）。

图 6.4 墙体-框架界面裂缝

图 6.5 墙体局部砌块脱落

图 6.6 框架结构楼梯间加气混凝土砌块填充墙大量垮塌

图 6.7 框架结构楼梯间页岩空心砖填充墙垮塌

6.1.2　填充墙的震害分析

无论填充墙采用的是实心黏土砖、空心黏土砖、实心或空心的轻质砌块砌体墙或轻质隔断墙板等，填充墙在构造上与框架联系在一起共同作用的时候，或多或少地改变了整个框架体系的抗侧向作用的能力。同时，由于填充墙的加入，有可能产生较大的扭转，使一个本来均匀规整的框架结构刚度中心偏移，从而使结构在地震作用下发生偏移。从汶川地震中可以看出，大多数框架结构的主体结构震害一般较轻，主要破坏发生在围护结构和填充墙，尤其是底层填充墙（图 6.8）。

图 6.8　底层填充墙严重破坏，局部倒塌

（1）填充墙沿高度不连续布置造成刚度突变形成底部薄弱层。底层无填充墙框架柱上下端塑性铰破坏导致结构形成层侧移机构，层间位移角达 1/12 之多，而 2 层以上结构基本完好，如图 6.9 所示。

（2）填充墙平面布置不对称造成整体结构扭转破坏。如图 6.10 所示，临街面为商铺门面无填充墙，背面满布填充墙，造成结构严重偏心而扭转破坏。

（3）开洞的填充墙可能对框架柱造成“短柱”效应。填充墙的布置使得框架柱的计算高度减少，形成“短柱”，在水平力作用下，容易提前发生塑性铰破坏，如图 6.11 所示。

图 6.9　框架结构梁柱铰机制发生破坏

6.1.3　填充墙的基本抗震措施

填充墙开裂虽然不影响结构安全性，但会引起居民的心理恐慌。此外，大量的修复工作还会造成严重的财产损失。而填充墙倒塌的后果则更加严重，会增加人员伤亡数量。减轻填充墙震害，可以通过以下两个途径：

图 6.10　填充墙不均匀布置造成结构扭转破坏

图 6.11　短柱剪切破坏

（1）改进填充墙的构造措施。填充墙的变形能力，包括抗裂能力和抗倒塌能力，很大程度上受构造措施影响。合理的构造措施，如设拉结钢筋、构造柱、水平系梁等，能够有效增强填充墙变形能力，避免填充墙的严重破坏。

（2）强化基于性能的抗震设计。根据填充墙变形能力和经济承受能力，合理确定建筑抗震性能设计目标，特别是变形设计目标，从而控制填充墙等非结构构件在不同预定地震水准下的破坏程度。

《建筑抗震设计规范》GB 50011—2010 第 13.3.4 条规定钢筋混凝土结构中的砌体填充墙，尚应符合下列要求：

（1）填充墙在平面和竖向的布置，宜均匀对称，宜避免形成薄弱层或短柱。

（2）砌体的砂浆强度等级不应低于 M5；实心块体的强度等级不宜低于 MU2.5，空心块体的强度等级不宜低于 MU3.5；墙顶应与框架梁密切结合。

（3）填充墙应沿框架柱全高每隔 500～600mm 设 2ϕ6 拉筋，拉筋伸入墙体的长度，6、7 度时宜全长贯通，8、9 度时应全长贯通。

（4）墙长大于 5m 时，墙顶与梁宜有拉结；墙长超过 8m 或层高 2 倍时，宜设置钢筋混凝土构造柱；墙高超过 4m 时，墙体半高宜设置与柱连接且沿墙全长贯通的钢筋混凝土水平系梁。

（5）楼梯间和人流通道的填充墙，尚应采用钢丝网砂浆面层加强。

6.2　雨篷

雨篷是设置在建筑物外墙出入口的上方用以挡雨并有一定装饰作用的水平构件。雨篷的支承方式多为悬挑式，其悬挑长度一般为 0.9～1.5m。按结构形式不同有板式和梁式两种。板式雨篷多做成变截面形式，一般板根部厚度不小于 70 mm，板端部厚度不小于 50mm；梁式雨篷为使其底面平整，常采用翻梁形式。当雨篷外伸尺寸较大时，其支承方式可采用立柱式，即在入口两侧设柱支承雨篷，形成门廊，立柱式雨篷的结构形式多为梁式。

雨篷破坏的三种形式：雨篷在支座处断裂，雨篷梁受弯受拉破坏，整个雨篷倾覆。

雨篷属于非结构构件，过去人们主要致力于结构构件的抗震性能的研究和设计，忽略了非结构部分的影响，非结构构件的破坏被认为是次要因素而没有引起足够的重视。可是，从汶川地震对成都地区造成的震害调查结果明显表明，该地区结构构件破坏轻微甚至没有破坏，而非结构部分破坏却比较严重。

建筑非结构构件的抗震设防目标，原则上要与主体结构的三水准设防目标“大震不倒，中震可修，小震不坏”相协调。在多遇地震下，建筑非结构构件不宜有破坏；在设防烈度地震下，建筑非结构构件可以允许比结构构件有较重的破坏，但不应伤人，即使遭到破坏也能尽快恢复，特别是避免发生次生灾害的破坏；在罕遇地震下，各类非结构构件可能有较重的破坏，但应避免发生重大次生灾害。

6.2.1　雨篷的震害

地震时，由于水平和竖向运动，悬挂的雨篷系统特别容易遭受破坏（图6.12、图6.13）。因此，对于抗震设防区，雨篷的设计一定要注意与主体结构的可靠连接。各类雨篷的构件与楼板的连接件应能承受雨篷悬挂重物和有关机电设施的自重及地震附加作用，其锚固的承载力应大于连接件的承载力。悬挑雨篷或一端由柱支承的雨篷应与主体结构可靠连接。

图6.12　雨篷破坏严重

图6.13　外挑雨篷沿根部折断

6.2.2　减轻雨篷震害的措施

建筑非结构构件的抗震设计计算一般应包括两个部分，其一是该非结构构件本身（包括连接）的抗震设计计算，其二是该非结构构件对主体结构的地震影响计算。

《建筑抗震设计规范》GB 50011—2010第3.7.1条规定，非结构构件，包括建筑非结构构件和建筑附属机电设备，自身及其与结构主体的连接应进行抗震设计；同时第3.7.3条规定，附着于楼、屋面结构上的非结构构件，以及楼梯间的非承重墙体，应与主体结构有可靠的连接或锚固，避免地震时倒塌伤人或砸坏重要设备。

6.3　阳台

阳台是有楼层的建筑物中，人们可以直接到达的向室外开敞的平台。按阳台与外墙的相对位置关系，可分为挑阳台、凹阳台和半挑半凹阳台等几种形式。

6.3.1　阳台的结构布置

阳台承重结构的支承方式有墙承式、悬挑式两种。墙承式阳台是将阳台板直接搁置在墙上，这种支承方式结构简单、施工方便。悬挑式阳台是将阳台板悬挑出外墙，为使结构合理、安全，阳台悬挑长度不宜过大，一般在1.0～1.5m之间。悬挑式适用于挑阳台和半挑半凹阳台。按悬挑方式不同可分为以下两种：挑梁式——横墙上伸出挑梁，或由柱上伸出挑梁，在挑梁的端部加设封头梁，阳台板与挑梁和封头梁现浇为一个整体。挑梁在横墙上的长度一般为悬挑长度的1～1.5倍。挑梁式阳台使用范围较广；挑板式——楼板为现浇楼板，外延挑出平板做阳台。

6.3.2　阳台的震害

阳台的布置容易引起平立面布置不规整，体型复杂，局部突出，房屋各部分结构的质量、刚度分布就会不均，地震时易产生应力集中，其振动周期和相对变位不协调，并增加扭转效应，并且在空间振动和鞭梢效应等动力作用下，最易在阳台等突然变化部位形成应力集中，加大地震效应，使阳台破坏（图6.14、图6.15）。

图6.14　阳台挑梁破坏

6.3.3　抗震措施

为减轻阳台的震害，《建筑抗震设计规范》GB 50011—2010第7.3.11条规定，预制阳台，6、7度时应与圈梁和楼板的现浇板带可靠连接，8、9度时不应采用预制阳台。在设计时也需同时注意以下几点：

（1）要使阳台有较好的整体性，宜采用现浇钢筋混凝土阳台，当采用预制构件时，要特别注意构件间连接的可靠性；

（2）阳台与原建筑物的连接是后加阳台成败的关键，务必可靠；

（3）要尽量减轻阳台重量，不用重量大、整体性差的砖砌栏板；

（4）房屋端部震害较大，在端部增设阳台，需特别注意，要对端部房间采取加强措

图 6.15　阳台栏杆倒塌

施。一般端部不宜增设阳台，更不宜增设重量较大的包角阳台。

6.4　女儿墙

女儿墙是建筑物屋顶四周的矮墙，主要作用除维护安全外，亦会在底处施作防水压砖收头，以避免防水层渗水或是屋顶雨水漫流。依建筑技术规则规定，女儿墙被视作栏杆的作用，如建筑物在 10 层楼以上，高度不得小于 1.2m，而为避免业主刻意加高女儿墙，方便以后搭盖违建，亦规定高度最高不得超过 1.5m。

6.4.1　女儿墙的震害

突出屋面部分如女儿墙属于典型的立面布置不规则情况，在地震作用下因鞭梢效应而导致这部分的水平变形过大引起较重震害。这些非结构构件大都没有与现浇的钢筋混凝土构件拉结，震害表现为水平裂缝、斜裂缝等多种形态，甚至出现了局部倒塌。这种局部的震害在学校建筑中很常见。屋顶女儿墙破坏导致顶层结构破坏的典型情况见图6.16～

图 6.18。

图 6.16 出屋面女儿墙墙体开裂

6.4.2 减轻女儿墙震害的措施

（1）《建筑抗震设计规范》GB 50011—2010 第 5.2.4 条规定，采用底部剪力法时，突出屋面的屋顶间、女儿墙、烟囱等的地震作用效应宜乘以增大系数 3。在鞭梢效应下屋顶间水平地震剪力放大，故墙体截面抗剪能力要加强，抗震构造措施需特别加强。

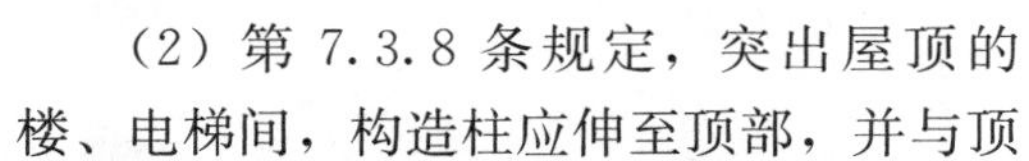

（2）第 7.3.8 条规定，突出屋顶的楼、电梯间，构造柱应伸至顶部，并与顶部圈梁连接，所有墙体应沿墙高每隔 500mm 设 2ϕ6 通长钢筋和 ϕ4 分布短筋平面内点焊组成的拉结网片。

图 6.17 女儿墙倒塌坠落

（3）砌体女儿墙在人流出入口和通道处应与主体结构锚固；非出入口无锚固的女儿墙高度，6～8 度时不宜超过 0.5m，9 度时应有锚固。防震缝处女儿墙应留有足够的宽度，缝两侧的自由端应予以加强。第 13.3.5 条规定，砌体女儿墙高度不宜大于 1m，且应采取措施防止地震时倾倒。

图 6.18　女儿墙坍塌

6.5　幕墙

建筑幕墙在国内的推广和普及已有30多年时间，建筑幕墙尤其是玻璃幕墙、石材幕墙逐渐成为主要的建筑外围护结构形式。

震害调查表明，在历次强震中，固定玻璃窗几乎全部破坏，固定安装的装饰面板破损坠落严重，而正规设计施工的玻璃幕墙破损轻微，甚至完好。尽管地震动强度达到"大震水准"，主体结构已有损坏，隔墙和吊顶也大量破坏，玻璃幕墙却完好无损。可见这些设计具有良好的变形能力。幕墙的抗震表现在2013年四川芦山地震、2008年汶川地震和2010年玉树地震极其相似，规律几乎完全相同。实践表明，玻璃幕墙总体上抗震性能较好，如图6.19所示，该大楼玻璃幕墙完好，即使其内部结构发生了严重损坏。然而，玻璃幕墙的局部破坏也并不罕见，主要表现为玻璃幕墙面板的局部破裂或玻璃肋的破损和玻璃采光顶的脱落，对人们生命财产构成了潜在威胁，不容忽视（图6.20～图6.22）。

6.5.1　幕墙的震害与分析

图6.23、图6.24为绵阳高开区管委会办公楼，位于绵阳市高新技术开发区，为4层钢筋混凝土结构，分A、B、C三个办公区和国际会议中心四部分组成，顶部（5层）为钢框架装饰。地震时由于各部分位移不协调，造成顶部装饰框架梁掉落，顶部观光电梯井塌落，同时也造成多处玻璃幕墙、采光顶和玻璃肋结构的破坏。

图 6.19　绵阳某大楼

图 6.20　绵竹市金融大厦幕墙局部破坏

图 6.21　安县某研究所礼堂幕墙局部脱落

图 6.22　周边嵌于主体结构内的玻璃幕墙局部损坏

图 6.23　绵阳高开发区管委会办公楼

图 6.24　入口玻璃幕墙破坏

1. 玻璃幕墙破坏

（1）点支式玻璃幕墙破坏，一方面是因为顶部钢结构装饰架塌落，引起强烈振动从而导致带孔玻璃破坏；另一方面的原因可能与本工程采用六点支承点支式玻璃幕墙，在地震荷载作用下，不同支承点变形的不协调也容易导致玻璃破坏。相对于其他玻璃幕墙，点支承玻璃幕墙变形性能较好，图 6.25 为地震后的点支承玻璃幕墙。

（2）弧形观光电梯玻璃幕墙的局部破坏（图 6.26）。由于观光电梯井高出屋面，地震作用引起"鞭梢效应"，顶部产生较大变形导致该处玻璃局部积压破坏。

图 6.25　都江堰中学教学玻璃幕墙完好

图 6.26　观光电梯破坏

2. 玻璃采光顶破坏（图 6.27）

因为观光电梯井地震作用下的"鞭梢效应"，其钢筋混凝土框架已经严重破坏而产生塑性铰，四周填充墙体也大部分塌落，导致部分采光顶玻璃被砸坏。

3. 玻璃肋结构破坏

在水平地震作用下，玻璃肋底部平面内产生较大水平集中力，由于采用非钢化玻璃，从而导致局部玻璃挤压破碎。

6.5.2 幕墙的基本抗震措施

研究数据表明，幕墙拥有比一般的固定窗更高的抗震性能。一般的玻璃、石材面板幕墙在烈度为 9～10 度时，位移角会达到 1/60 左右，并能保持完好，无破损现象出现。幕墙的这种抗震性能使它在震后重建中有着较强的现实意义。在地震中，只要主体结构未发生倒塌，幕墙一般都能够保持完好。

图 6.27 玻璃采光顶破坏

《建筑抗震设计规范》GB 50011—2010 第 13.3.1 条规定：建筑结构中，设置连接幕墙、围护墙、隔墙、女儿墙、雨篷、商标、广告牌、顶篷支架、大型储物架等建筑非结构构件的预埋件、锚固件的部位，应采取加强措施，以承受建筑非结构构件传给主体结构的地震作用。同时第 13.3.2 条中第 3 点要求：墙体与主体结构应有可靠的拉结，应能适应主体结构不同方向的层间位移；8、9 度时应具有满足层间变位的变形能力，与悬挑构件相连接时，尚应具有满足节点转动引起的竖向变形的能力。

《玻璃幕墙工程技术规范》JGJ 102—2003 第 4.2.6 条规定：“玻璃幕墙平面内变形性能，抗震设计时，应按主体结构的弹性层间位移角限值的 3 倍进行设计。”对于明框幕墙的玻璃与槽口的配合尺寸也作了规定（见第 9.5.2 条和 9.5.3 条）。主体结构的弹性层间位移角限值的 3 倍相当于“中震水准”下主体结构保持弹性的最大层间位移角限值；相当于“大震”作用时结构的弹塑性位移值。

通过各类玻璃幕墙在历次地震中的表现，给出如下建议：

（1）各类玻璃幕墙抗震性能参差不齐，相对而言，采用可以自由转动的球铰的点式玻璃幕墙的抗震性能较好，采用柔性连接的隐框玻璃幕墙次之，而明框玻璃幕墙在骨架刚度较大时约束玻璃变形将降低玻璃幕墙抗震性能。

（2）玻璃幕墙的地震破坏主要表现为局部玻璃面板的破裂，很少有支承体系的坍塌，因而只要结构设计合理，幕墙支承体系能做到主体不倒，支承完好。

（3）玻璃幕墙由于脆性材料玻璃的存在，其抗震构造保证的概念设计更为重要，如硅酮胶虽不考虑其结构承载，但其对玻璃幕墙抗震减震具有较大贡献。

参 考 文 献

[1] 李英民，韩军，田启祥，陈伟贤，赵盛位. 填充墙对框架结构抗震性能的影响［J］. 地震工程与工程振动，2009，03：51-58.

[2] 张炎圣，马千里，陆新征，叶列平. 填充墙震害数值模拟与对策讨论［A］. 中国工程院土木、水利与建筑工程学部，国家自然基金委员会工程与材料科学部，中国土木工程学会，中国建筑学会. 汶川地震建筑震害调查与灾后重建分析报告，2008. 8.

[3] 王亚勇. 汶川地震建筑震害启示［A］. 中国科学技术协会 2008 防灾减灾论坛特邀报告，

2008. 10.

[4] 冯远，周劲炜，刘宜丰，肖克艰，吴小宾，毕琼，罗乾跃. 汶川地震建筑物震害 [J]. 四川建筑科学研究，2009，06：139-156.

[5] 彭娟，李碧雄，邓建辉. 芦山地震和汶川地震中空心砖填充墙震害反思 [J]. 世界地震工程，2014，02：186-193.

[6] 肖伦斌. 汶川地震框架填充墙的震害现象及分析 [J]. 四川建筑科学研究，2009，05：162-164.

[7] 黄世敏，罗开海. 汶川地震建筑物典型震害探讨 [A]. 中国科学技术协会. 中国科学技术协会2008防灾减灾论坛专题报告，2008. 12.

[8] 中华人民共和国国家标准. 建筑抗震设计规范 GB 50011—2010 [S]. 北京：中国建筑工业出版社，2010.

[9] 任晓崧，吕西林，李建中，李翔，刘威，唐益群. 5. 12四川汶川地震后青川房屋应急评估中砖砌体房屋的震害情况初探 [J]. 结构工程师，2008，03：3-8.

[10] 王亚勇，黄卫. 汶川地震建筑震害启示录 [M]. 北京：地震出版社，2009.

[11] 刘培玄，周正华，赵纪生，王伟，刘必灯. 汶川地震典型民居震害特征分析 [J]. 自然灾害学报，2012，02：89-94.

[12] X. L. Lu，X. S. Ren. Site Urgent Structural Assessment of Buildings in Earthquake-hitarrea 0f sichuan and Primary Analysis on Earthquake Damages. Proceedings of the 14 th World Conference on Earthquake Engineering，Beijing，China，2008.

[13] Junwu DAI，Baitao SUN. Seismic Damage of R/C Frame Structures in Ms8. 0 Wenchuan Earthquake，Proceedings of the 14 th World Conference on Earthquake Engineering，Beijing，China，2008.

[14] Z. H. XIONG. . Lessons Learned From Wenchuan Earthquake：To Improve the Seismic Design of School Buildings. Proceedings of the 14 th World Conference on Earthquake Engineering，Beijing，China，2008.

[15] 刘培玄，周正华，赵纪生等. 汶川地震典型民居震害特征分析 [J]. 自然灾害学报，2012.

[16] 韩军，李英民，刘立平，郑妮娜，王丽萍，刘建伟. 5·12汶川地震绵阳市区房屋震害统计与分析 [J]. 重庆建筑大学学报，2008，05：21-27.

[17] 王元清，李勇，石永久. 强震作用下玻璃建筑的震害分析 [A]. 中国工程院土木、水利与建筑工程学部，国家自然基金委员会工程与材料科学部，中国土木工程学会，中国建筑学会. 汶川地震建筑震害调查与灾后重建分析报告，2008. 11.

[18] 中华人民共和国国家标准. 玻璃幕墙工程技术规范 JGJ 102—2003 [S]. 北京：中国建筑工业出版社，2003.

第7章　结构风灾破坏实例

由于地球各纬度所接受的太阳辐射程度不同以及地形地貌等因素所引起的温差，相同高度的不同位置形成了气压梯度，使得空气发生流动而产生了风。自古以来，风便与人类的生活息息相关。在古代，人们利用风车进行农业灌溉、利用风力扬帆捕鱼；在现代，人们利用风力发电以补充能源的不足，风力机械更是逐步融入工农业的生产过程中。然而，在给人类社会带来便利的同时，风也给人类带来了极为惨重的自然灾害。台风、飓风、龙卷风、寒潮风、雷暴风等都是具有强破坏性的典型风灾，给人类造成了巨大的生命和财产损失。据联合国统计，人类遭受的自然灾害中半数以上与风有关。例如，1703年，巨大风暴席卷英国南部，造成8000多人丧生；1737年，印度发生“加尔各答”飓风，造成约30万人死亡；1922年，太平洋台风在中国广东登陆，12级大风持续24小时，沿海150公里堤岸溃决，造成7万余人死亡；1991年的印度洋台风引起孟加拉国的海啸造成了13.8万人死亡的历史惨剧；1992年，“安德鲁”飓风袭击美国，造成365亿美元的巨大经济损失，迈阿密近郊几乎被夷为平地。进入21世纪，随着环境的破坏和全球气温上升，风灾愈演愈烈。2004年，台风“云娜”袭击浙江，仅浙江省就有236人死亡，8.5万间房屋倒塌，直接经济损失达197.7亿人民币；2004年北美的“珍妮”、“查理”和“伊万”等飓风造成2000多人死亡，直接经济损失约500亿美元；2005年的台风“麦莎”、“泰利”、“卡努”所经过的闽、浙、赣、皖、沪、苏等地区，直接经济损失就达到数百亿人民币；2005年，罕见的“卡特里娜”飓风重创了美国新奥尔良等城市，造成新奥尔良市80%被水淹没，上千人死亡，百万人流离失所，经济损失高达1000亿美元；2006年，仅第8号超强台风“桑美”在浙江省就造成18个县市的254.9万人受灾，直接经济损失达到127.37亿元，死亡及失踪人数达204人。2007年“圣帕”、“韦帕”、“罗莎”台风，2008年的“海鸥”、“凤凰”台风，近年来的超强台风包括2009年的“莫拉克”台风，2010年的“鲇鱼”，2011年的“梅花”，2012年的“海葵”、“苏拉”、“达维”等等，风灾损失也同样惊人。据我国近年来统计，在我国沿海登陆的台风造成的经济损失年平均约260亿人民币和约570人死亡。

工程结构是人类生活中不可或缺的枢纽，同时在风灾中也面临着巨大的考验。随着跨度或高度的增加，结构刚度大幅度下降，风荷载作用下的结构安全性或适用性问题也相应变得十分突出。风对构筑物的作用从自然风所包含的成分看包括平均风作用和脉动风作用，从结构的响应来看包括静态响应和风致振动响应。平均风既可引起结构的静态响应，又可引起结构的横风向振动响应。脉动风引起的响应则包括了结构的准静态响应、顺风向和横风向的随机振动响应。当这些响应的综合结果超过了结构的承受能力时，结构将发生破坏。风灾下的结构破坏时有发生，主要包括高层建筑玻璃幕墙毁坏坠落、电视塔或桅杆结构倒塌、体育馆顶膜撕裂、桥梁风损风毁或构件疲劳、输电系统倒塌等。事实上，也正是这些失败或者事故反过来促进人们进行进一步的结构抗风创新研究，取得新的突破。本章旨在通过对一些典型工程结构风灾事故的描述，为各类型工程结构的抗风防灾研究与设计提供反馈。

7.1　房屋建筑结构

简易房屋、高层和超高层建筑及其维护结构对风的作用十分敏感，一旦发生风灾将直接影响人类的正常生活，甚至危及人类的生命安全。在历次风灾中，建筑工程的破坏而引起的人员伤亡和财产损失常占据首要位置。风灾对房屋建筑结构的破坏主要表现在以下几个方面：

1. 对多、高层建筑结构的破坏作用

1926 年的一次大风使得美国迈阿密市 Meyer-Kiser 大楼的钢框架发生塑性变形，造成围护结构严重破坏，大楼在风暴中剧烈摇晃，如图 7.1 所示；纽约一幢 55 层塔楼建筑，在东北大风作用下，建筑物发生摆动，造成顶部工作人员强烈不舒适感；2005 年在飓风“卡特里娜”的袭击下美国新奥尔良市的许多多层建筑受到损坏或毁坏，图 7.2 所示的是其中的两幢多层建筑受到严重损坏的情况。高层建筑为典型的长细型结构，在大风作用下，结构可能会产生令人不适的晃动。但由于工程师在设计中十分重视风荷载的作用，迄今为止尚未发生高层建筑被大风吹倒的事例。

图 7.1　变形的 Meyer-Kiser 大楼

图 7.2　“卡特里娜”飓风中受损的两幢多层建筑

2. 对简易房屋，尤其是轻屋盖房屋造成的破坏

在建筑物的风致灾害中，低矮、简易房屋的破坏占相当大的比例，值得引起关注。例如，2003 年“杜鹃”台风正面袭击深圳，宝安区某处民工工棚倒塌（图 7.3），造成 16 人死亡，20 余人受伤。2004 年，0414 号台风“云娜”在台州温岭登陆，6.4 万间房屋在台风中倒塌，18.4 万间房屋受损，其中轻屋面工业厂房在本次台风中大面积受损。2005 年，台风“韦森特”袭击广东，造成 1085 间村镇房屋毁坏。2008 年，强台风“黑格比”袭击广东阳江，逾 148.2 万人受灾，堤岸、水闸等水利设施严重受损，大批民房被台风揭顶，

图7.4为一低矮建筑被台风吹倒。2012年，受台风“布拉万”的影响，黑龙江省373间村镇房屋倒塌，5564间房屋受损；2013年，强台风“菲特”途经浙江温州，温州共有110个乡镇街道受灾，倒塌房屋1722间。2013年，超强台风“海燕”袭击菲律宾，大量低矮房屋在台风中被彻底撕毁，损失难以估量。2010年的超强台风“鲇鱼”在西北太平洋海面生成，途经菲律宾，逾20万人无家可归，图7.5为某加油站屋盖被台风吹垮。2012年台风“宝霞”途经菲律宾南部康波斯特拉谷市，某篮球场屋顶被大风掀翻（图7.6）。同年，第8号台风“韦森特”袭击广东，造成5人死亡6人失踪，受灾人口达82.3万人，倒塌房屋1085间，图7.7为东莞某仓库屋顶被台风吹垮。2013年“温比亚”台风途经广西博白县，中心最大风速达25m/s，造成大量房屋建筑结构破坏，其中一轻屋面厂房发生整体倒塌（图7.8）。

图7.3 “杜鹃”台风吹垮民工工棚

图7.4 低矮建筑被台风“黑格比”吹倒

图7.5 “鲇鱼”台风吹垮菲律宾某加油站屋盖

图7.6 菲律宾某篮球场屋顶被台风掀翻

图7.7 广东东莞某仓库屋顶被台风吹垮

图7.8 某轻屋面厂房在台风中整体倒塌

3. 对外墙饰面、门窗玻璃及玻璃幕墙的破坏

1971年建成的美国波士顿约翰汉考克大楼（John Hancock Building），高241m，共60层。自1972年夏天至1973年1月，由于大风的作用，大约有16块窗玻璃破碎，49块严重损坏，100块开裂，后来调换了所有玻璃（10348块），费用超过700万美元，超出了原玻璃的价值，同时还因采取了其他防护措施增加了其造价。该建筑的使用不仅被延误了三年半，而且造价从预算的7500万美元上升到了15800万美元。此外，美国飓风Alicia（1983）、Hugo（1989）和Andrew（1992）的灾后报告均指出许多高层建筑的玻璃幕墙在飓风中发生损毁；1995年，我国西部城市伊宁发生9级大风，20多块玻璃幕墙破碎，造成一死九伤的重大事故；1999年9月16日，9915号台风“约克”损坏的香港湾仔数幢办公楼玻璃幕墙，其中政府税务大楼和入境事务大楼及湾仔政府大楼共有400多块幕墙玻璃被吹落（图7.9），造成室内大量文件被风吸走。2005年，飓风“卡特里娜”造成美国部分高层建筑风致破坏，许多建筑的窗户、幕墙和外墙饰面严重受损，掉落的碎片砸毁或砸伤大量楼下的汽车、行人等（图7.10）。

图7.9　香港湾仔大楼被台风“约克”毁坏的玻璃幕墙

图7.10　某建筑玻璃幕墙在飓风中严重受损

7.2　高耸结构

高耸结构主要涉及桅杆和烟囱、电视塔等塔式结构，其中桅杆的结构刚度小，在风荷载下经常会产生较大幅度的振动，从而容易导致其疲劳或强度破坏。近年来，世界范围内发生了数十起桅杆倒塌事故，例如，1955年11月，捷克一桅杆在30m/s风速作用下因失稳而破坏；1969年3月，英国约克郡高386m的Ernley Morr钢管电视桅杆被风吹倒；1985年，位于前联邦德国Bielstein的一座高298m的无线电视桅杆在风荷载作用下倒塌；1988年，位于美国密苏里一座高610m的电视桅杆受阵风倒塌，造成3人死亡。1991年，位于波兰的645m高华沙无线电天线杆在风作用下倒塌。图7.11为1999年9月16日被台风“约克”吹倒的香港湾仔某大楼的屋顶桅杆。图7.12为台湾某路灯在超强台风“凡比亚”中倒塌。2008年，超强台风“黑格比”途经广东，大量路灯被台风吹倒或折断，倒塌的路灯引起了一系列安全事故（图7.13、图7.14）。

虽然经过近半个世纪的结构抗风研究，高层建筑和高耸结构的顺风向荷载和响应机理已基本清楚，其顺风向抗风理论体系也已基本建立，相关成果也在各国的建筑荷载规范中得到体现。然而随着建筑高度和柔性的增加以及建筑外形的更加个性化，高层建筑和高耸结构的抗风研究也面临着一系列的新问题，包括一系列特殊结构横风向及扭转振动突出、群体高层建筑的干扰效应、高层建筑围护结构的风荷载作用和破坏机理等，有待我们结构风工程师们去不断挑战和突破。

图 7.11 香港湾仔某大楼屋顶桅杆被台风吹倒

图 7.12 台湾某路灯被台风刮倒

图 7.13 路灯被台风“黑格比”吹倒

图 7.14 路灯底部在台风作用下折断

7.3 大跨空间结构

体育场馆、会展中心等大跨空间结构对风荷载也十分敏感。英国一座独立看台的悬挑钢屋盖在从开阔地面吹来的大风作用下，屋盖覆面结构（石棉板）在屋盖下部强大压力和屋盖上部吸力的共同作用下而损坏，大面积的石棉板被掀飞，所幸屋盖钢结构基本保持完好。2002 年，受强台风“鹿莎”的袭击，即将举行亚运会的韩国釜山曲棍球体育场顶篷遭到破坏，大面积覆面结构破损（图 7.15)。2004 年河南省体育中心在瞬间风力达 10～12 级的飓风袭击下严重受损，位于东侧看台罩棚中间最高处被大风撕裂逾 1200m^2，大量铝塑板和固定槽钢散落东边场外，幸无人员伤亡（图 7.16)。2005 年，受强台风“麦莎”的袭击，浙江宁波市北仑体艺中心屋顶七块 PTFE 顶膜中的南面第 3 块在经历了约 1 小时的狂风后被从头到尾彻底撕毁，致使场馆内出现严重漏水现象，训练馆里一片汪洋，造成约 400 万元的经济损失。

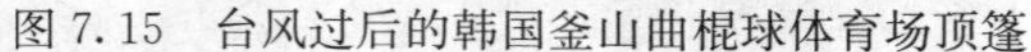

图7.15　台风过后的韩国釜山曲棍球体育场顶篷

图7.16　被大风吹毁的河南省体育中心

2005年8月29日，由于遭飓风“卡特里娜”的袭击，美国新奥尔良市著名的“超级穹顶”体育馆的金色屋顶上许多金属片被狂风刮走，导致屋顶漏水。图7.17为该体育馆在受飓风袭击前后场景的对比。2003年，上海大剧院屋面板被大风掀起，东侧顶部约250m^{2}的钢板屋面被大风撕成两段，后砸落在剧院屋面中部平台上（图7.18）。2012年，浙江嘉兴平湖体育场顶篷膜结构被“海葵”台风撕裂，其中一根吊索断裂，9片顶膜仅剩3片，预计损失超过300万元（图7.19）。

(*a*) 飓风袭击前

(*b*) 飓风袭击后

图7.17　美国新奥尔良市“超级穹顶”体育馆

图7.18　上海大剧院屋面板被大风毁坏

图7.19　风毁的浙江嘉兴平湖体育场

7.4　桥梁结构

有文字记载的第一起桥梁风毁事故发生于1818年，苏格兰的Dryburgh Abbey悬索桥（主跨约 79.25m）被风毁坏。由于在当时及以后的一百多年里，桥梁界对桥梁的风致振动和气动弹性现象机理及其重要性认识严重不足，相继又有 11 座桥因风荷载的作用而受到不同程度的破坏（见表 7.1）。其中，在 1879 年 12 月 28 日发生于英国苏格兰的 Tay 桥（主跨 74m 多跨桁梁桥）的倒塌事故中，单跨 74m、总长近 1km 的 13 跨桁架以及高度 27m 的 12 个铁制桥墩被暴风吹垮，致使正在通过该桥的一列 7 辆成编的列车落入海湾中，造成 75 名乘客和司乘人员遇难，使桥梁技术人员对风的作用产生了恐惧，以致于把此后的福斯铁路桥等桥梁的设计由最初的悬索桥改为了悬臂桁梁桥。

桥梁风毁事故一览表 **表 7.1**

桥　　名	所在地	跨径(m)	毁坏年份
Dryburgh Abbey	苏格兰	79	1818
Union Bridge	德国	140	1821
Nassau Bridge	英格兰	75	1834
Brighton Chain Pier Bridge	英格兰	80	1836
Montrose Bridge	苏格兰	130	1838
Menai Straits Bridge	威尔士	180	1839
Roche-Bernard Bridge	法国	195	1852
Wheeling Bridge	美国	310	1854
Niagara-Lewiston Bridge	美国	320	1864
Tay Bridge	苏格兰	74	1879
Niagara-Clifton Bridge	美国	380	1889
Tacoma Narrow Bridge	美国	853	1940

虽然已有多座桥梁毁于大风，但是跨度超过 800m 的大跨度悬索桥在大风作用下摇动翻滚并支离破碎而坍塌的事故在 1940 年之前是无法想象的，然而这种令人震惊的悲剧却在美国华盛顿州活生生地呈现在人们的面前。1940 年 11 月 7 日前半夜，建成才 4 个月的主跨 853m 的美国旧塔科马（Tacoma）悬索桥在风速约 19m/s 的八级大风作用下发生经历了几个小时的竖向振动后，诱发了强烈的风致扭转发散振动而坍塌。桥梁摇晃振动形态和坍塌过程恰好被华盛顿大学的 Furquharson 教授拍摄下来。图 8.5 描述了旧塔科马悬索桥的扭转振动和毁坏。

旧塔科马悬索桥风毁事故强烈震惊了当时的桥梁工程界，自此拉开了全面研究大跨度桥梁风致振动和气动弹性理论的序幕。经过各国学者 160 多年的努力，目前对各种桥梁风致振动的机理已有了基本的认识，桥梁风致振动理论也得到了很大的发展，使得类似于塔科马悬索桥的严重桥梁风毁事故没有重现。虽然如此，小规模的或局部的风致振动灾害还是时有发生。1962 年到 1963 年间，日本的一座简易人行吊桥和一座架设中的桁架桥相继遭到风毁。近几年来，随着我国大跨度桥梁的建设，桥梁的风致灾害也时有发生。例如，广东南海公路斜拉桥施工中吊机被大风吹倒，砸坏主梁；江西九江长江公路铁路两用钢拱桥吊杆发生涡激共振，上海杨浦大桥由于斜拉桥缆索的风雨激振使索套损坏、湖南洞庭湖大桥在建成不久即发生了严重的斜拉索风雨激振。这些桥梁风致灾害事故的出现促使人们越来越意识到桥梁结构抗风的重要性。

7.5　发电站冷却塔结构

自然通风双曲冷却塔是大型发电厂的重要设施之一，是一种广泛应用于电力部门的大型工程结构。随着现代电力工业工程的飞速发展和大批核电厂的新建，对大型冷却塔结构的需求与日俱增，大型冷却塔结构的建设也因此方兴未艾。冷却塔结构在截面积越来越大的同时，也越来越高。就国内而言，目前已建成的宁海电厂冷却塔高度为 177m，拟建的某内陆核电厂冷却塔结构高度为 200m，我国西部正在规划建设的大型自然通风冷却塔高度更是达到了 220m。很显然，高耸壁薄的大型发电站冷却塔结构是又一典型的风敏感结构，风荷载是其结构设计的主要荷载之一。

历史上已发生多次冷却塔结构的风毁事故，其中以英国渡桥（Fenybridge）热电厂冷却塔的风毁事故最为著名。1965 年，英国渡桥（Fenybridge）热电厂冷却塔高 114.3m、基底直径 91.44m，8 座冷却塔中的下游三座在 10min 平均风速为 19.9m/s 的大风中彻底毁坏，其余五座虽然幸存，但均产生了不同程度的裂缝（见图 7.20）。这次事故使得结构风工程界真正开始重视大型冷却塔结构的抗风问题。1973 年，英国 Ardeer 电厂单座 137m 高冷却塔在中等风速中倒塌。1979 年，法国 Bouchain 的一座使用超过 10 年的冷却塔在微风中倒塌。1984 年，英国 Fiddles Ferry 电厂的一座 114m 的高冷却塔倒于瞬时风速达 35.8m/s 的大风之中，该冷却塔在渡桥电厂事故时已施工至 53m 高度，最小壁厚仍为 127mm，虽然后来为保证安全性进行了设计方案的调整，但仍然发生了类似 Ardeer 电厂冷却塔的倒塌事故。

(*a*) 完好的冷却塔结构

(*b*) 风毁的冷却塔结构

图 7.20　英国渡桥热电站冷却塔

7.6　输电塔结构系统

高压输电塔体系是电能输送的主要载体，是关乎人民生计的重要生命线工程。输电塔结构具有塔体高，跨距大、整体结构柔性强，兼有高耸结构和大跨结构的共同特点。此外，考虑到环境影响的要求，高压输电线路一般都修建在自然气象环境恶劣的山区或边远地区。在各类自然灾害如地震、强风和冰雪天气等作用下，输电塔极易发生振动和疲劳损伤甚至发生整体倒塌破坏而导致输电线路瘫痪。输电塔或电线杆的毁坏均会造成停电事故，严重影响人类的生产和生活。同时，输电塔体系的毁坏将严重影响灾后的救援工作，造成更大的次生灾害和间接经济损失。日本、美国、土耳其等国发生了不少由于风灾引起倒塔和大面积停电的事故。在我国，近年来强/台风强度数量和风致倒塔事故呈上升趋势，输电塔倒塌事故频发。我国正在开展1000kV特高压输电塔线路的建设，这类特高压输电线路的塔体高大，横挡伸臂长以适应复杂电气化需要，其风振问题将更为突出。

输电塔结构的设计如未全面考虑风荷载的作用，在大风中可能会被折断；供电线路的电杆埋深较浅，在大风中容易被刮倒。在我国，1988年8807号台风于8月7日在浙江近海生成，于8月8日袭击杭州，一夜之间美丽的杭州面目全非，数以万计的树木被刮倒，水泥电线杆被折断、电线被吹断，电信和输电线路中断，造成全市严重停电、停水。1989年，华东500kV江斗线镇江段4座输电塔被风吹倒。1999年，台风“丹尼”登陆厦门，市区路灯电杆倒塌151根，灯具脱落1500多套，公交路牌损坏56块，人行道损坏6700m^2，20辆公交车玻璃破损，公交候车廊倒塌18座，严重影响市内交通，造成巨大经济损失。2004年，台风“云娜”损坏输电线路达3342km。2005年，龙卷风袭击湖北黄州城区，吹倒3座220kV输电塔，造成16座110kV输电塔倒塌；后期，龙卷风袭击武汉洪山区，2座110kV的输电塔被拦腰折断。2005年8月，由于遭受台风“麦莎”袭击，国家“西电东送”和华东、江苏“北电南送”的重要通道发生10余起风致倒塔事故，造成当地大面积停电（见图7.21）。2008年，台风“黑格比”袭击广东，大量电杆被风吹倒吹断，严重影响交通、供电与通信，约652万人受灾，22人死亡，直接经济损失达114亿元。图7.22为广东一被台风吹断的电线杆。在日本，1991年登陆的19号台风首次造成了高压输电塔及其附属供电设施的大面积损坏；1999年，18号台风登陆日本九州地区造成15座输电塔倒塌，其间最大瞬时风速可达70m/s；2002年，日本21号台风造成茨城县10座高压输电塔连续倒塌，实测最大瞬时风速56.7m/s。

图7.21　台风“麦莎”吹毁的高压输电塔

图7.22　台风“黑格比”吹断的电线杆

7.7 广告牌结构

随着我国经济的飞速发展，广告这一行业越来越得到企业的重视，特别是在经济发达的区域，户外广告牌更是举目皆是。广告牌、标语牌常建在建筑物的顶部或矗立在高速公路两旁，随着户外广告牌体积的不断增大，其受风面积越来越大，抗风安全性问题也越来越突出。作为一种竖向悬臂结构，广告牌在强风作用下其端部将产生很大的弯矩，此时若结构端部抗弯能力设计不足，结构将在端部出现折断或连根拔起等破坏现象。此外，广告牌在强台风作用下也可能出现立柱等支撑结构完好无损，但是上部结构弯曲应力超限，导致广告牌上部发生局部弯曲破坏的现象。以上原因使得广告牌结构在遭遇大风时翻倒的事故时有发生，同时在大风中广告牌被吹翻砸伤行人的事件屡见不鲜。图 7.23 为被强台风“云娜”撕烂的台温高速公路温岭段旁的巨大广告牌。图 7.24 为台湾高雄一广告牌被台风“海棠”吹倒，并砸损一民用建筑。图 7.25 为南京机场高速附近被台风“海葵”摧毁的巨型广告牌。图 7.26 为海南一被超强台风“海燕”吹倒的广告牌。

图 7.23　台风“云娜”撕烂的巨大广告牌

图 7.24　台风“海棠”吹倒的广告牌

图 7.25　台风“海葵”摧毁的巨型广告牌

图 7.26　台风“海燕”吹倒的广告牌

7.8　港口设施

由于海洋与陆地的受热不均匀，海岸附近便会形成交替变化的海陆风，从而港口附近常处于高风速环境中。而台风往往在海洋上方形成，处于附近江边或海边的港口设施必然会受到台风的较大影响，其中的办公场所、仓库、大型装卸机械等的风毁事故屡见不鲜。例如，1996 年，在 9616 号强台风“莎莉”的袭击下，广东湛江港 500 吨集装箱装卸桥吊被刮翻下海，12 台龙门吊被刮翻。1999 年台风“约克”袭港期间，造成海陆空交通瘫痪，海上各渡轮停航，1 艘远洋船沉没，2 艘搁浅，港口货柜码头因部分风毁而停止运作，并引起翌日的严重交通混乱。2002 年 8 月 31 日，0215 号强台风“鹿莎（Rusa）”席卷韩国全境，使釜山港遭受重创，大量吊机等设备受损，海运受到严重影响。2005 年台风“麦莎”袭击江苏时，给江苏造成经济损失达 12 亿元，其中扬州是受灾最为严重的地区之一，其中就包括龙门吊等港口设施的风毁。2012 年台风“韦森特”袭港期间，货柜被吹落香港附近海域，导致 150 吨塑料原料聚丙烯散落海面，冲到海滩，导致香港至少九个泳滩遭胶粒污染。图 7.27 为 1999 年被台风“约克”吹入海的香港皇后码头一货柜办公室，图 7.28 为 2005 年扬州某造船厂被台风“麦莎”吹倒的大型龙门吊。

图 7.27　台风约克吹入海的货柜办公室

图 7.28　台风麦莎吹倒的龙门吊

7.9　海上石油钻井平台

随着人类开发海洋步伐的加快，越来越多的工程结构出现在各地的近海海域，如美国的墨西哥湾、欧洲的北海、中国的南海和渤海等。海洋石油钻井平台就是海洋工程结构的一种主要形式。在墨西哥湾、中国南海、欧洲北海等热带风暴或强风频发海域，海洋工程结构除了要承受洋流和常规的波浪荷载外，还要承受狂风和由此引起的巨浪的袭击，因而经常发生风毁事故，风灾是造成这类结构破坏的一个最主要原因。根据美国矿产管理局公布的数据，2005 年秋季的“卡特里娜”和“丽塔”两个飓风毁坏了墨西哥湾地区 113 座石油钻井平台，并且不同程度地损坏了连接墨西哥湾生产设备并将石油天然气输送上岸的 457 条油气管道。其中，位于墨西哥湾深海里的皇家荷兰壳牌公司 Mars 钻井平台受损最为严重，其上铁架被“卡特里娜”飓风搅成了一堆意大利面，重 100t 的钻架被抛到了 900 多米深的水下，并毁坏了海床上的管道。图 7.29 为超级飓风卡特里娜破坏的墨西哥湾众多石油钻井平台中的一个。

图 7.29　飓风“卡特里娜”毁坏的墨西哥湾一钻井平台

7.10　风力发电系统

为了开发新能源以缓解能源危机，20 世纪初便有学者开始探索利用风进行发电，实现风能向电能的转化。风能作为一种可再生能源，因具有储量大、无污染、使用便捷等特点，其开发和利用已经在全世界范围愈加受到重视。风力发电技术是涉及空气动力学、自动控制、机械工程、电机学、计算机技术、材料科学等多学科的综合性高技术系统，它是风能利用的最主要形式，当前已成为各国竞相研究的热点。特别是海上风力发电具有风能储量大、节约用地、减少噪声污染等优点，如今已在世界各地得到了快速发展。目前，海上风力发电系统在国内外已相继兴建，其中在芬兰、丹麦等国家较为流行，我国也在大力提倡合理利用风能资源。但是，海上风电场的运行条件较陆上时更为严酷，可能遭受的环境作用包括强风、巨浪、地震、偶然撞击等。由于海上丰富的风能资源及风电技术的发展和经验不断积累，人类势必克服重重困难，推动海上风能的规模化及海上风电产业的进步。

考虑到风速随着高度的增加而增加，因而风力发电系统往往设计为一种高耸结构，同时为了实现大功率发电，发电系统的叶片越做越长，使得结构的柔度和挠性增大，气流所诱发的结构振动问题日趋严重化。同时，风力等级的大小往往难以预测，风力发电机的桨叶所受风荷载可能会超出设计预期，造成桨叶损毁。德国西北部曾发生强烈飓风，某风力发电机桨叶未发生转动便被大风吹弯，部分碎片被吹落，撒落几百米以外，所幸未造成人员伤亡。图 7.30 为德国一风力发电机在飓风中损毁。英国一风力发电机，不敌飓风风力等级，叶片在狂风中失控乱转，后造成发电机起火，突然倒塌，图 7.31 为倒塌后的风力发电机。

图 7.30　飓风吹毁的风力发电机

图 7.31　飓风中失火倒塌的风力发电机

参考文献

[1]　项海帆．现代桥梁抗风理论与实践 [M]．北京：人民交通出版社，2005.

[2]　陈政清．工程结构的风致振动、稳定与控制 [M]．北京：科学出版社，2013.

[3]　国家自然科学基金委员会工程与材料科学部．建筑、环境与土木工程 II（土木工程卷）[M]．北京：科学出版社，2006.

[4]　陈政清．桥梁风工程 [M]．北京：人民交通出版社，2005.

[5] 葛耀君. 大跨度悬索桥抗风 [M]. 北京：人民交通出版社，2011.

[6] 张相庭. 结构风工程 理论·规范·实践 [M]. 北京：中国建筑工业出版社，2006.

[7] Holmes J. D. Wind loadings of structures [M]. London: Spon Press, 2001.

[8] Simiu E., Scanlan R. H. Wind effects on structures [M]. New York: John Wiley & Sons, INC, 1996.

[9] Brian E. Lee. Vulnerability of Fully Glazed High-Rise Buildings in Tropical Cyclones [J]. Journal of Architectural Engineering, ASCE. 2002, 8 (2): 42-48.

[10] Shanmugasundaram J., Arunachalam S., Gomathinayagams, et al. Cyclone Damage to Buildings and Structures A Case Study [J]. Journal of Wind Engineering and Industrial Aerodynamics, 2000, 84 (3): 369-380.

[11] Minor J. E. Lessons learned from failures of the building envelope in windstorms [J]. Journal of Architectural Engineering, ASCE. 2005, 11 (1): 11-13.

[12] 金玉芬，杨庆山，朱伟亮. 强风作用下轻钢房屋的风致破坏机理及风灾防御 [J]. 北京交通大学学报，2010，34 (1)：84-88.

[13] 孙炳楠，傅国宏，陈鸣等. 9417号台风对温州民房破坏的调查 [C]. 第七届全国结构风效应会议论文集，重庆，1995.

[14] Venkateswarlu B., Muralidharan K., A Report on Structural Damage Due to Cyclone in Andhra Pradesh India [R]. SERC. Mardras, 1978.

[15] Sparks P. R., Schiff S. D., Reinhold T. A. Wind Damage to Envelopes of Houses and Consequent Insurance Losses [J]. Journal of Wind Engineering and Industrial Aerodynamics, 1994, 53: 145-155.

[16] 宋芳芳. 几类风致易损建筑台风损失估计与预测 [D]. 哈尔滨：哈尔滨工业大学，2010.

[17] 楼文娟，卢旦，孙炳楠. 风致内压及其对屋盖结构的作用研究现状评述 [J]. 建筑科学与工程学报. 2005，22 (1)：76-82.

[18] 楼文娟，卢旦. 在建厂房的风荷载分布及其风致倒塌机理 [J]. 浙江大学学报（工学版），2006，40 (11)：1842-1846.

[19] 杨阳. 大跨度屋盖围护结构风致破坏数值模拟研究 [D]. 北京：北京交通大学，2011.

[20] 陶永莉. 沿海地区轻钢仓库围护结构风灾调研及风荷载数值模拟 [D]. 北京：北京交通大学，2007.

[21] Farquharson F. B., Simith F. C., Vincent G. S., et al. Aerodynamic stability of suspension bridge with special reference to the Tacoma Narrow Bridge [M]. Seattle: University of Washington Press, 1950.

[22] Matsumoto M., Shirato H., Yagi T., et al. Effects of aerodynamic interferences between heaving and torsional vibration of bridge decks: the case of Tacoma Narrows Bridge [J]. Journal of Wind Engineering and Industrial Aerodynamics, 2003, 91: 1547-1557.

[23] 沈国辉，王宁博，楼文娟，等. 渡桥电厂冷却塔倒塌的塔型因素分析 [J]. 工程力学. 2012，29 (8)：123-128.

[24] Niemann H. J. Wind effects on cooling-tower shells [C]. Journal of the Structural Divison, ASCE. 1980, 106 (ST3): 643-661.

[25] CEGB. Report of the committee of inquiry into the collapse of cooling towers at Ferrybridge. Central Electricity Generating Board, 1 November, 1965.

[26] 李宏男，白海峰. 高压输电塔线体系抗灾研究的现状与发展趋势 [J]. 土木工程学报，2007，40

(2)：39-46.

[27]　张锋，吴秋晗，李继红．台风“云娜”对浙江电网造成的危害与防范措施［J］．中国电力，2005，38（5）：39-42.

[28]　谢强，钱摇琨，何涛，等．华东电网输电线路风致倒塔事故调查研究［R］．上海：同济大学生命线工程研究所，2005.

[29]　安水晶．单立柱广告牌结构风灾易损性研究［D］．哈尔滨：哈尔滨工业大学，2009.

[30]　王景全，陈政清．试析海上风机在强台风下叶片受损风险与对策——考察红海湾风电场的启示［J］．中国工程科学，2010，12（11）：32-34.

第 8 章　结构风灾典型案例简析

由第 7 章可知，强/台风、飓风、龙卷风等极端气候条件在世界范围内引发了大量土木工程结构的风损和风毁事故，且近些年风灾有着愈演愈烈的趋势，严重危及了人类的生命安全并造成了惨重的财产损失。一次次的惨痛教训警醒着人们对风致结构灾害进行深刻的反思，从结构风致灾害的诱因去寻找克服灾害的办法和手段，努力提高人类自身对风荷载的预测能力以及提升结构自身的抗风性能。这便呼吁研究工作者对每一次风致灾害进行深刻的分析，从风致结构灾害中寻找事故发生的根由，并以此反馈现有结构抗风设计理论及相应的设计规范和技术规程，降低乃至避免结构风致灾害事故的发生。

本章旨在通过对国内外一些典型土木工程结构的风灾事故进行案例剖析，从建筑材料选取、结构抗风设计、流固耦合作用机理、风振破坏形式、结构抗风设计规程等方面进行探讨，反思历次风灾事故发生的深层次缘由，以期为各类土木工程结构的抗风设计、施工与研究工作提供有益参考。

8.1　村镇低矮房屋

由于我国东南沿海地区淡水资源丰富，适合农作物的生长，因而其成为了我国重要的粮食基地。从事农业生产为主的劳动者便在聚集地建成了大量用于居住的低矮房屋建筑。然而由于亚热带季风气候的影响，我国东南沿海地区每年都会经受台风的侵袭。在历次台风中，村镇低矮房屋的风损和风毁总是占有很大部分，并由此导致巨大的人员伤亡和财产损失，图 8.1 为被台风毁坏的村镇低矮房屋实例。因此，有必要对村镇低矮房屋风毁事故进行分析，从而为同类型新建建筑提供参考，最大程度地降低风灾所造成的损失。

图 8.1　台风毁坏的村镇低矮房屋

村镇低矮房屋在台风中损毁的共同特点主要表现为：台风来临时，室内外不均匀气压差使得屋顶局部薄弱位置破损；室内外极大的气压差引起整个屋面在大风中被彻底掀飞；

台风来临时总伴随着强降雨，屋面材料被雨水冲刷脱离屋顶表面；强台风附带结构物碎片袭击房屋表面，门窗被碎片击破而造成气流涌进以形成更大破坏；强力的风速引起墙体表面极大的平均风压，造成墙体局部破损或直接倒塌。

台风造成村镇低矮房屋破损或毁坏的主要原因包括以下几个方面：

（1）对低矮建筑的风荷载作用机理和破坏机理的研究不够深入。目前我国学者的抗风研究工作主要针对大型结构开展，和发达国家相比，我国在低矮建筑的抗风方面的投入和学术关注度很低，对于低矮建筑的风致破坏机理认识不清，包括拐角处的局部分离和漩涡脱落；来流紊流及上游建筑物的尾流；门窗的突然破坏而导致建筑物内压的急剧变化；雷暴作用下低矮建筑的抗风性能等。因此，有必要加深对低矮建筑的风荷载作用机理和破坏机理，总结出低矮建筑抗风设计的一般规律。

（2）村镇低矮房屋未按设计标准执行，完全凭经验进行建造。由于经济水平受限和意识程度不足，我国村镇低矮房屋往往没有依据规范进行合理的方案设计、结构设计、抗风设计等，而一座房屋的建造完全凭借施工人员的经验执行。对于受台风影响较大的区域中建造的低矮房屋，如未进行结构的抗风设计，无疑给结构增加了极大的安全隐患。据调查，很多村镇房屋未经合理的结构设计，结构本身整体性较差，在台风中大量倒塌。因此，为降低村镇低矮房屋在台风中的受损情况，规范合理的设计措施应当在村镇房屋的建造中逐步普及。

（3）建筑材料质量或强度未达到标准要求。在我国村镇房屋的建造中，建筑材料一般选择当地易购材料，而当地的材料往往缺乏强度指标或质量存在缺陷。在强台风的作用下，材料的缺陷往往暴露无遗，房屋结构因此也会产生破损与破坏。

（4）施工质量无规范合格的验收体系。在我国很多地区，村镇房屋的建造中没有规范合格的施工质量验收体系。施工人员未达到职业水准要求或赶工程进度，房屋的工程质量往往难以保证。台风损毁的村镇低矮房屋中，很大一部分事故出于房屋施工质量不合格。例如，屋面材料由于粘结或安装不牢，被雨水冲刷脱离屋面后又被大风吹起砸伤行人、砸损建筑等；又如房屋建造中的砂浆强度不足，导致房屋在台风中整体倒塌或局部损坏。可见，建立规范合格的施工质量验收体系对于村镇低矮房屋的抗风安全性至关重要。

8.2　玻璃幕墙结构

随着当代建筑结构的耸起及建筑美学和功能的需求，轻质、高透光度、高稳定性的玻璃成为了高层建筑幕墙的主要材料。玻璃幕墙是古老的建筑艺术和现代科技相结合的产物，经历了半个多世纪的发展，目前已成为现代化大都市的重要标志和现代建筑结构的主要特征。玻璃幕墙结构按支承体系的特点通常分为明框玻璃幕墙、隐框玻璃幕墙和点支式玻璃幕墙等三类，其结构特征决定了玻璃幕墙的柔性特点与风敏感性。

玻璃幕墙结构在强风或极端气候条件中损坏乃至损毁的案例屡见不鲜，其中最为典型的实例为美国波士顿汉考克大厦和香港中环广场的多个超高层建筑。美国波士顿汉考克大厦的幕墙划分为 10344 个 1.4m×3.5m 的板块，每板块由镜面玻璃和透明玻璃共同组合而成。1973 年 1 月，在大风作用下，美国波士顿汉考克大厦约有 16 块玻璃破碎、49 块玻璃严重损坏、100 块玻璃出现裂缝，破碎的玻璃残渣在风荷载的作用下又砸坏一些玻璃，至 1975 年该大厦共计 2000 多块玻璃发生破裂，最终不得不更换全部 10344 块玻璃。事后调查发现，该玻璃幕墙过小的结构刚度和玻璃强度的欠缺是导致大风下玻璃幕墙损坏的直接原因。此外，1999 年台风“约克”袭击香港，香港中环广场多个超高层建筑的玻璃幕墙发生严重破坏，图 8.2 为中环广场两栋大楼玻璃幕墙被台风破坏前后的对比图。

(*a*) 台风前

(*b*) 台风后

图 8.2　台风“约克”前后中环广场两栋大楼玻璃幕墙对比

针对高层建筑结构玻璃幕墙风致损毁的实例，其事故发生的主要原因包括：

(1) 玻璃材料强度不足。部分建筑结构设计时，选用玻璃材料的强度过低或玻璃质量欠缺，导致强台风作用下，玻璃幕墙材料的最大应力与变形超过其承载能力极限状态和正常使用极限状态，而致使玻璃幕墙结构风毁。

(2) 构件连接节点强度不足。玻璃幕墙的构件连接节点是将风荷载由幕墙传递到主体结构的过渡元件，其强度不足而发生的优先破坏改变了幕墙的边界条件，从而导致强风作用下玻璃的破碎或脱落。

(3) 主体结构刚度不足。随着建筑结构高度的增加，结构变得更加轻柔，强风作用下结构的层间位移也逐渐加大。当结构产生层间位移时，幕墙构件就会发生强制位移，过大的强制位移导致玻璃超出其平面内的变形能力，从而发生玻璃幕墙结构风毁事故。

(4) 缺乏明确的规范与技术标准。现行《建筑结构荷载规范》采用等效静荷载法进行高层、高耸结构的抗风设计，但并未专门针对玻璃幕墙结构。《玻璃幕墙工程技术规范》提出的阵风系数也仅适合于单跨玻璃的抗风设计，不适用于支承结构的抗风设计。结构设计中通常忽略了或过低估计了脉动风荷载的动力作用，低估了强风作用下平均风荷载的取值，这可能也是玻璃幕墙结构发生风毁的根源之一。

8.3　高压输电塔结构

高压输电线路是重要的生命线工程，输电线路瘫痪不仅给电力企业造成重大经济损失，还会带来巨大的政治、经济影响，甚至会引起社会的混乱。随着我国“西电东输”、“北电南送”等能源战略的发展，我国对高压输电塔体系的需求展现出强劲的增长趋势。

高压输电塔常为高耸空间钢桁架结构，其水平方向表现出明显的柔性特征。由于经济、交通等指标的限制，输电线的跨越距离通常较大，导致输电线的静动力响应均进一步增大，抗风抗震等问题更为突出。因此，大型输电塔体系的抗风抗震性能备受工程界以及学术界所重视。

在诸多影响高压输电塔体系的自然灾害中，风灾是最为频繁且影响较严重的一种（详见 7.6 节）。针对我国近年来高压输电塔风毁事故，国内学者已开展了大量的研究工作。从目前研究结果来看，造成高压输电塔的风致倒塌的主要原因包括：

（1）基础理论研究仍有所欠缺，实测风场资料匮乏。大型高压输电塔体系为复杂的空间偶联体系，“塔-线”耦合效应使得输电塔体系的动力特性与风振响应趋于复杂。现有研究对输电塔体系风荷载输入与振动响应输出的了解相对匮乏，亟需大量的风场特性及风振响应现场实测资料来反馈输电塔体系的抗风设计。

（2）抗风设防标准相对较低，规范适用范围不足。我国现行《110～500kV 架空送电线路设计技术规程》规定，500kV 大跨越输电塔的抗风设计采用 50 年为重现期，500kV 送电线路及 110～300kV 的大跨越输电塔的抗风设计采用 30 年为重现期，110～300kV 的送电线路采用 15 年为重现期。而国际上其他国家对于输电塔结构的抗风设计所采用的最小重现期为 50 年，其中有些规范根据不同水准划分了 100 年、200 年甚至 500 年的重现期。较低的抗风设防标准虽可以大幅度节省输电塔结构的用钢量，但其导致输电塔结构的抗风安全性存在隐患。

（3）对瞬态灾害风作用下输电塔的风振分析方法认识不足。现有抗风设计规范都是由基于风的平稳随机过程假设的基础上得到的，而输电塔容易受高速瞬态风（如下击暴流等）作用，国内外报道的很多输电塔倒塌事故也是在这类风作用下发生的。瞬态风具有风速高、持续时间短、空间相关性强等特点，可以在几秒甚至在更短的时间内达到风速峰值，具有短时冲击荷载的特征，而传统基于 Davenport 的抗风分析方法仅适用于平稳随机风场，求解的是响应均方值等稳态响应参数以及以此为基础的风振系数。对于瞬态风，传统方法容易得到偏于危险的峰值响应，致使结构发生破坏。因此，需要发展适用于瞬态灾害风作用下输电塔的风振响应分析方法，并提出输电塔在瞬态风荷载作用下的抗风设计建议。

综上，业主与设计单位必须对每一次风致倒塔事故给予高度重视，通过积累长期的风场特性及输电塔体系风致响应实测数据资料，验证并完善现有输电塔体系的抗风设计理论，研发有效的输电塔结构抗风控制措施；综合国内外输电塔体系的抗风设计规范及技术规程，谨慎细致地进行大型高压输电塔体系的抗风设计与分析。

8.4　宁波市北仑体艺中心

2005 年 8 月 5 日夜间，0509 号台风“麦莎”在浙江省登陆，由此开始了对华东沿海多个省市的袭击，其风力达 12 级以上。8 月 6 日早晨，宁波市北仑体艺中心屋顶七块 PTFE 顶膜中的南面第 3 块在狂风中挣扎约 1 小时后被从头到尾彻底撕毁，最终顶膜撕开的面积约占整个体艺中心的 1/7，几块薄膜碎片被大风吹起后又砸落在内膜上。顶膜撕裂处只剩下几根巨大钢梁，雨水沿着内膜的边线漏下，致使场馆内出现严重漏水现象，训练馆里一片汪洋。图 8.3 为北仑体艺中心顶篷在台风中被掀以及室内工作人员清理场内积水。由于比赛馆采用了双层顶膜设计，受损情况稍轻些，但渗水还是造成了三分之一的地面浸水，部分电线被淹在水里，比赛专用地板也严重受潮。此次风灾造成该体育馆约 400 多万元的直接经济损失，并使正在进行的世界女排锦标赛资格赛不得不改变赛场。

(*a*) 北仑体艺中心被台风掀起的顶篷

(*b*) 工作人员清理场内积水

图 8.3 台风"麦莎"中受损的北仑体艺中心

北仑体艺中心的屋盖悬挑长度随距地面高度的增加而增加，使得大悬挑区域在东南风向产生了较大的局部负压力。由于高负压作用区域较大，使得东南风向下的各悬挑区域的平均风压大于其他风向情况。而北仑体艺中心屋盖在东西方向呈现东高西低，此种结构形式进一步增加了东面来流的升力作用。由于台风"麦莎"主风向为东南风，此时北仑体艺中心屋盖南面第 3 块膜结构（图 8.4）所受局部风压最大，同时膜结构压力分布的不均匀使得顶膜在风荷载下产生不同程度的振动，风荷载的动力效应使得第 3 块顶膜结构局部内力进一步放大，最终超出结构强度极限而产生顶膜撕裂现象。

图 8.4 浙江宁波北仑体艺中心

现代的大跨空间结构，新颖的结构形式层出不穷，其建造虽然都经过了周密的设计与思考，但由于风荷载的随机性和不可预测性，设计前后的风荷载工况很难实现完美的统一，类似浙江宁波北仑体艺中心的风灾事故可以给现有大跨空间结构的抗风研究与设计提供重要的反馈作用，逐步推进现有抗风设计与研究的手段，使得现代结构抗风理论适应结构形式的需求，避免类似的事故再次发生。

8.5　旧塔科马大桥

塔科马海湾位于美国西海岸的华盛顿州，1940 年在那里建成了一座悬索桥，史称旧塔科马悬索桥。该悬索桥主跨 853m，宽 11.9m，加劲梁为 H 型板梁，梁高仅 2.45m。该桥宽跨比 1/71.6，高跨比 1/348，是当时最为细长的桥梁。旧塔科马桥刚通车运营时，就表现出了在风作用下强烈振动的倾向，运营期常发生竖向振动，振幅可达 1.5m，但达到最大振幅后可以衰减下来。4 个月后，情况发生了灾难性的转变。随着中跨用于阻止加劲梁与主缆之间相对位移的吊杆断裂，振型转变为一阶反对称扭转。在 18m/s 的风速作用下，扭转振动越来越激烈，主跨 1/4 断面以±45°的幅度反复翻转。这种自激发散振动持续了 3～7 小时，最后吊杆疲劳断裂，大部分加劲梁坠入河中。图 8.5 反映了旧塔科马悬索桥的风毁过程。

图 8.5　旧塔科马悬索桥颤振风毁

旧塔科马悬索桥风毁的主要原因具体包括以下几个方面：

(1) 设计师莫伊塞夫将挠度理论应用到极限。悬索桥的挠度理论表明，悬索桥的竖向刚度主要由主缆的重力刚度提供，而加劲梁刚度越小，梁上弯矩也越小。挠度理论是关于悬索桥竖向静力刚度的理论，这一理论本身并没有错误，问题在于设计者将竖平面的挠度理论无依据地扩大到三维状态。同时设计者未意识到工程结构的体系刚度受各种因素的综合制约，不宜在某一个方向扩展的太远。

(2) 风荷载的动力作用诱发桥梁结构的风致颤振。自然风场在时间和空间上都是典型的随机过程，随机变化的风流过本身在微振动的桥梁，使得围绕桥梁表面的大气压力形成一种特定的分布状态，并且处于不断变化的状态，这便诱发了桥梁结构的风致振动。当时的土木工程师都没意识到风荷载的动力作用，因而产生了如此的桥梁风毁事故。

大跨度柔性桥梁，同飞机机翼一样在风荷载作用下会产生抖振、涡振、驰振和颤振。抖振是由紊流风所引起的一种强迫振动，振幅有限，虽不至于造成桥毁事故，但可能影响行车安全或缩短疲劳寿命。驰振是由于气流经过桥梁后产生涡流脱落引起的，介于强迫振动与自激振动之间。驰振是细长物体因气流自激作用产生的一种纯弯曲大幅振动，理论上是不稳定的。颤振是结构扭转发散振动或弯扭耦合的发散振动，是结构气动力不稳定的表现。旧塔科马悬索桥，因其断面形式呈钝体且扭转刚度几乎为零，其气动稳定性较差，是一种典型的由颤振不稳定诱发的风毁事故。在认识到桥梁颤振后，流线型截面形式、风嘴、导流板等一系列措施被采用以提高桥梁结构的气动稳定性，且可以通过数值计算和风洞实验等手段获得大桥的颤振临界风速，自此桥梁结构颤振风毁事故再也没有发生。

8.6　英国渡桥热电厂冷却塔

虽然早在1956年，Cowdrey等就开始对冷却塔结构进行了风洞试验研究，以期获得作用于结构上的平均风荷载，但冷却塔结构的风荷载问题真正引起工程界关注是在英国渡桥(Fenybridge)热电厂冷却塔群倒塌之后。Fenybridge热电厂冷却塔群由8座高114.3m、基底直径91.44m的冷却塔组成，是欧洲当时最大的冷却塔，冷却塔呈双排平行四边形布置，双轴线间距为106.7m，轴线内间距146.3m，冷却塔壳体最薄处厚度仅为12.7cm。1965年11月1日，建成不久尚未投入运营的8座冷却塔在平均风速为18.8m/s的强风中倒塌三座。英国渡桥热电厂事故调查委员会对该风致倒塌事故进行了调查，发现三座冷却塔倒塌前，塔筒下部均产生明显的变形和振动，并且倒塌从塔筒下部开始，由一个洞口逐渐扩大至整个塔筒，而且三座冷却塔倒塌后，背风侧留有一定高度的残骸。其余各冷却塔虽未完全倒塌，但均出现了不同程度的裂缝，这是世界上首例冷却塔风毁事故。该调查委员会还发现，冷却塔倒塌时10m高度处的风速约33.99～37.57m/s，冷却塔顶部风速约41.59～46.51m/s，该风速仅相当于工程所在地五年一遇的设计风速。冷却塔风毁前后的照片见图7.20。

英国渡桥热电厂冷却塔群风毁的主要原因包括以下几个方面：

(1) 结构设计理论粗略。在冷却塔的设计过程中采用容许应力法，只是对材料的极限承载应力进行折减得到容许应力，未考虑荷载的分项系数，同时也没有明确的安全系数。例如，冷却塔中仅布置一层中央钢筋网，不能有效抵抗塔筒内的弯矩作用。

(2) 对大型冷却塔结构风荷载及其作业效应认识不足。由于当时结构抗风界对风特性本身以及风对结构的作用认识有限，使得该冷却塔结构设计过程中，虽然结构配筋量以及冷却塔壳体的厚度等均满足静力设计要求，但几乎无富余。然而，阵风效应和脉动风效应会使得冷却塔结构内力进一步放大，配筋量无富余的结构难以承受阵风效应和脉动风效应，当然主要问题在于当时阵风效应和脉动风效应还没有明确的量化计算方法。20世纪60年代中期至80年代中期，英国和法国还发生了多次大型冷却塔风毁事故，集中体现了当时对此类结构的风效应认识不足。

(3) 设计中未考虑冷却塔的群体干扰效应，尚无“穿堂风”的概念。在冷却塔的设计过程中，以单塔风荷载进行设计，未考虑群塔干扰效应。由于来流在上游相邻冷却塔之间的间隙中产生了“穿堂风”效应，放大了作用在下游冷却塔上的平均风荷载，同时由于下游塔处于上游塔的尾流区边缘，从而使其受到了由尾流脉动引起的很大的脉动风荷载。以上两个方面为塔群群体干扰效应的主要表现形式，使得下游冷却塔的迎风面壳体上出现巨大的拉力而导致结构破坏。基于事后的冷却塔群风洞试验数据的计算结果表明，在当时的风速情况下，作用在倒塌的三个冷却塔上的准静态阵风荷载（考虑了平均风荷载和脉动风荷载综合效应）正好超过允许设计风荷载，而作用在其他五个幸存冷却塔上的准静态阵风风荷载还稍小于允许值。实践证明，在冷却塔群中，塔群所受风效应要比孤立的塔严重得多。

8.7　大型广告牌结构

我国地域广大，东南沿海地区每年都会受到台风气候的影响，广告牌、标语牌常建在建筑物的顶部或矗立在高速公路两旁，多为竖向悬臂结构，其受风面积相对较大，在大风中经常发生幕布撕毁、面板脱落、局部或整体扭曲、整体倒塌等事故，而广告牌掉落的零件或整体倒塌砸中行人或车辆往往造成严重的安全与交通事故。为此，有必要对常见广告牌风毁现象分类进行事故原因简析，具体如下：

图 8.6 为两个幕布被台风撕毁的广告牌，而广告牌的骨架基本完好无损。幕布撕毁的原因主要包括以下几个方面：①广告牌骨架表面未铺设镀锌面板，使得广告牌幕布在风压下的支承条件由面支承转化为线支承；②幕布仅对边固定，跨中无固定措施，风荷载作用下跨中产生最大拉应力，支座产生最大剪应力，图 8.6 右侧广告牌幕布即典型的抗拉承载力充足，抗剪承载力不足造成的撕毁现象；③风荷载具有明显的动力效应，幕布在脉动风荷载的反复作用下会产生疲劳毁坏。

图 8.6　广告牌幕布被风撕毁

图 8.7 为典型的广告牌镀锌面板被风吹落现象。镀锌面板通过铆钉固定在广告牌的钢骨架上，镀锌面板较小的厚度导致其抗弯刚度不大，在平均风荷载的作用下，其支承条件往往由线支承转变为点支承，加之若铆钉间距较大，则铆钉所受荷载进一步递增，最终铆钉被拔出或拔断。因此广告牌骨架各杆件间距有必要通过合理的抗风分析进行确定，同时铆钉的数量与间距需保证镀锌面板不会局部被风吹起翘曲。

图 8.7 广告牌镀锌面板被风吹落

图 8.8 分别为高层顶部广告牌局部扭曲破坏和路边广告牌整体扭曲破坏。图 8.8（*a*）大型广告牌沿着建筑平面布置形式呈曲线形，在某个主方向的平均风荷载作用下，广告牌局部平均风压不均匀分布，导致受力较大部分的骨架发生弯曲破坏，相邻骨架变形协调产生面外扭转；图 8.8（*b*）右侧钢结构支架锈蚀导致抗弯抗扭承载力降低，右侧支架在风荷载作用下变形后导致广告牌整体扭曲破坏。

(*a*) 屋顶广告牌局部扭曲

(*b*) 路边广告牌整体扭曲

图 8.8 广告牌局部扭曲或整体扭曲破坏

图 8.9 为典型广告牌弯曲破坏实例。风荷载沿高度上升呈递增趋势，因而广告牌所受风压由下而上逐渐递增。图 8.9（*a*）中的广告牌在平均风荷载作用下，广告牌骨架上部

(*a*) 广告牌竖向弯曲破坏

(*b*) 广告牌水平向弯曲破坏

图 8.9 大型广告牌骨架弯曲破坏

弯曲应力超限，导致广告牌上部发生局部弯曲破坏，而中下部几乎完好无损。由于广告牌水平向呈三角形分布，水平向的抗侧刚度较大，因此水平向骨架未发生变形。而图 8.9（*b*）刚好相反，其骨架竖向弯曲承载力充足，而水平向呈长悬臂，在平均风荷载作用下于柱端发生弯曲破坏。

在台风的袭击下，我国东南沿海地区无论是路边小型广告牌还是高耸的大型广告牌均发生过整体倒塌事件。广告牌的整体倒塌主要原因归结为：①广告牌立柱或骨架底部发生弯曲破坏而倒塌；②广告牌基础埋深过浅导致台风下整体倾覆。图 8.10（*a*）为一大型广告牌在台风作用下，底部弯矩过大而导致立柱断裂引起广告牌整体倒塌；图 8.10（*b*）为城市路边广告牌在台风作用下骨架底部发生弯曲而倒塌；图 8.10（*c*）、（*d*）所示的广告牌由于基础埋深过浅，在台风来临时，平均风荷载的作用虽然没有引起结构内力超限，但导致结构发生较大位移，最终广告牌整体倾覆。

(*a*)　(*b*)　(*c*)　(*d*)

图 8.10　台风中广告牌整体倒塌

8.8　海上风力发电系统

2003 年 8 月 29 日，第 13 号台风“杜鹃”生成，随后一路西行且强度不断加大，直逼广东沿海，9 月 2 日下午开始袭击汕尾地区。台风“杜鹃”登陆时中心最大风力 12 级，其风速之高、破坏力之强，达汕尾地区近三十年之最。刚刚建成投产的汕尾红海湾风电场（见图 8.11）处在台风 10 级大风圈以内，据气象部门估测，距台风中心仅约 40～50 公里。

图 8.11 位于丘陵地带的汕尾红海湾风电场

9 月 2 日下午开始，受台风“杜鹃”影响，风电场风速开始加大，致使 9 台机组发生叶片破坏，这次叶片风毁事故具有如下特征：①每台只坏 1 个叶片，并且有 7 个叶片是处于下垂状态，只有两个损坏叶片处于朝上位置。②处于平地的 13 台风机和处于最高海拔的 3 台风机叶片并未受到破坏。叶片破坏的风机均在 30～50m 的中间高度地带，最大瞬时风速为 50.7m/s。③叶片破坏形式比较一致。典型的破坏形式在离风轮中心径向 6～13m 处，叶片后缘出现多道横向裂纹，扩展到叶片主梁与翼板交接处后逐渐转为纵向裂缝。纵向裂缝连通两道横向裂纹，致连通处的叶片局部脱落。距中心 1/3 半径后直至叶尖，叶片后缘完全裂开。损坏最轻的叶片则只在距叶跟 8～12m 区间有两道横向裂缝。需要说明的是，所有风机叶片的受力主体结构如主梁、叶根等均未损坏。图 8.12 为典型的风机叶片损坏情况。

(*a*)

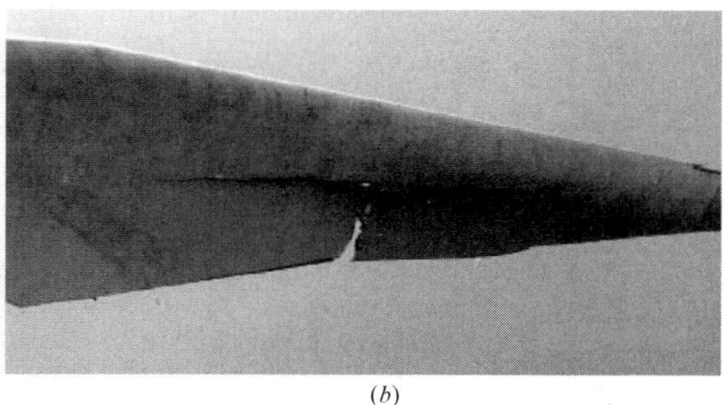

(*b*)

图 8.12 红海湾风电场被台风“杜鹃”吹坏的叶片

现就汕尾红海湾风电场风机叶片被台风“杜鹃”吹坏的原因分析如下：

(1) 风电场风机结构选址不尽合理。红海湾风电场安装在最高处的风机叶片并未受损。9 台受损风机均处于丘陵地带，风机一般处于山坡中部，塔柱后有小山坡遮挡。当台风吹过这些风机时，山坡的局部遮挡作用不仅可能使风转向，还可能使风加速，由此可以推断，不利的地形条件是诱发叶片风毁的一个环境因素。因此，在风电场设计时应该首先对风机安装进行合理选址，避开不利地形条件。

(2) 海上风力发电系统的选材、构造设计和制造工艺必须得到保证。9 只叶片被仅 50.7m/s 瞬时风速的台风所破坏，远未达到台风瞬时极大风速的设计值 70m/s，说明该型叶片在设计或者制造工艺上存在问题，未能适应在台风的复杂风况（风速与风向多变）和复杂地形引起的风切变所导致的复合载荷状况。由于这种复杂载荷工况是目前设计规范无法准确描述和验算的，因此，叶片的选材和制造很重要，其强度很大程度上要靠生产厂家的局部构造设计、材质、部件粘结方式以及生产工艺来作保证。

(3) 风电场风机叶片的风振响应及机理有待深入研究。当风速增大到一定程度后，红海湾风电场处于不利地形的风机叶片先满足起振条件而发生振动，马上自动进入停机或紧急停机状态，偏航系统停止工作。此后固定不动的风轮叶片受到的风攻角越来越大，并且同时风速在进一步增大，风机叶片每台只坏1个叶片，且7个叶片是处于离地面最近的下垂位置，说明由于风向继续改变，下垂叶片相对实际来流不是处于顺桨位置，而是大攻角位置，从而诱发下垂叶片进入扭转颤振状态，发生严重的扭转振动。因此，如何设计出能够抵抗强台风的海上风力发电系统，认清近海风电场风机叶片的风振响应及其机理，以便人类更加科学合理地利用风能资源，尚有待结构风工程工作者的进一步努力。

参考文献

[1] 项海帆. 现代桥梁抗风理论与实践［M］. 北京：人民交通出版社，2005.

[2] 陈政清. 工程结构的风致振动、稳定与控制［M］. 北京：科学出版社，2013.

[3] 陈政清. 桥梁风工程［M］. 北京：人民交通出版社，2005.

[4] 张相庭. 结构风工程 理论·规范·实践［M］. 北京：中国建筑工业出版社，2006.

[5] 葛耀君. 大跨度悬索桥抗风［M］. 北京：人民交通出版社，2011.

[6] 国家自然科学基金委员会工程与材料科学部. 建筑、环境与土木工程Ⅱ（土木工程卷）［M］. 北京：科学出版社，2006.

[7] Holmes J. D. Wind loadings of structures［M］. London：Spon Press，2001.

[8] Simiu E.，Scanlan R. H. Wind effects on structures［M］. New York：John Wiley & Sons，INC. 1996.

[9] Holmes J. D. Wind-tunnel test techniques for low-rise buildings，large roof structures，and wind-borne debris［R］. Croucher Advances Study Institute on "State-of-the-art Wind Tunnel Modeling and Data Analysis Techniques for Infrastructures and Civil Engineering Applications". 2004，6-10，December.

[10] Vickery B. J. Gust factors for internal pressures acting in low-rise buildings［J］. Journal of Wind Engineering and Industrial Aerodynamics，2001，23：259-271.

[11] Minor J. E. Lessons learned from failures of the building envelope in wind storms［J］. Journal of Architectural Engineering，ASCE. 2005，11（1）：11-13.

[12] Sparks，P. R.，Schiff，S. D.，Reinhold，T. A. "Wind damage to envelopes of houses and consequent insurance losses." Journal of Wind Engineering and Industrial Aerodynamics，1994，53（1-2）：145-155.

[13] Isyumov N. Overview of wind action on tall buildings and structures［C］. Wind Engineering into the 21st century. Larsen，Larose & Livesey (eds). 1999：15-28.

[14] Huang P.，Gu M. Experimental study of wind-induced dynamic interference effects between two tall buildings［J］. Wind and Structures—An International Journal. 2005，8（3）：147-162.

[15] Minor，J. E.，Mehta，K. C.，McDonald，J. R. Failure of Structures Due to Extreme Winds

[J]. Journal of Structural Divison, ASCE. 1972, 98 (11): 2455-2471.

[16] Brian E. Lee. Vulnerability of Fully Glazed High-Rise Buildings in Tropical Cyclones [J]. Journal of Architectural Engineering, ASCE. 2002, 8 (2): 42-48.

[17] 中华人民共和国国家标准. 建筑结构荷载规范 GB 50009— 2012 [S]. 北京: 中国建筑工业出版社, 2012.

[18] 中华人民共和国国家标准. 玻璃幕墙工程技术规范 JGJ 102—2003 [S]. 北京: 中国建筑工业出版社, 2004.

[19] 谢强, 李杰. 电力系统自然灾害的现状与对策 [J]. 自然灾害学报, 2006, 15 (4): 1-6.

[20] 中华人民共和国国家经济贸易委员会. 110-500kV 架空送电线路设计技术规程 [S]. 北京: 中国电力出版社, 1999.

[21] F. W. Agnew. Alabama hurricanes and their effect on the electrical transmission system [J]. Coastal Disasters, 2005: 474-483.

[22] 曾锴, 黄本才, 林颖儒. 北仑体艺中心屋盖平均风压数值模拟及风毁对比分析 [C]. 第六届全国现代结构工程学术研讨会. 2006: 455-461.

[23] Buonopane S. G., Billington D. P. Theory and history of suspension bridges design from 1823 to 1940 [J]. Journal of Structural Engineering, ASCE. 1993, 119 (3): 954-977.

[24] Matsumoto M., Shirato H., Yagi T., et al. Effects of aerodynamic interferences between heaving and torsional vibration of bridge decks: the case of Tacoma Narrows Bridge [J]. Journal of Wind Engineering and Industrial Aerodynamics, 2003, 91: 1547-1557.

[25] Farquharson F. B., Simith F. C., Vincent G. S., et al. Aerodynamic stability of suspension bridge with special reference to the Tacoma Narrow Bridge [M]. Seattle: University of Washington Press. 1950.

[26] 赵庆贤, 葛秀坤, 邵辉. 空气绕流诱发 H 型桥面振动的机理分析与模拟——以 Tacoma 大桥风振致毁事故为例 [J]. 力学与实践, 2011, 33 (6): 13-17.

[27] 沈国辉, 王宁博, 楼文娟, 等. 渡桥电厂冷却塔倒塌的塔型因素分析 [J]. 工程力学, 2012, 29 (8): 123-128.

[28] Niemann H. J. Wind effects on cooling-tower shells. Journal of the Structural Divison, ASCE. 1980, 106 (ST3): 643-661.

[29] CEGB. Report of the committee of inquiry into the collapse of cooling towers at Ferrybridge. Central Electricity Generating Board, 1965, 1 November.

[30] Pope R A. Structure deficiencies of natural draught cooling towers at UK power stations. Part I: Failures at Ferrybridge and Fiddlers Ferry [C]. ICE Proceedings: Structures and Buildings, 1994, 104: 1-10.

[31] Bamu P C, Zingoni A. Damage, deterioration and the long-term structural performance of cooling-tower shells: a survey of developments over the past 50 years [J]. Engineering Structures, 2005, 27: 1794-1800.

[32] Davenport A. G. Gust loading factors [J]. Journal of Structural Divison, ASCE. 1967, 93 (ST3): 11-34.

[33] Davenport A. G. The generalization and simplification of wind loads and implications for computational methods [J]. Journal of Wind Engineering and Industrial Aerodynamics, 1993, 46-47: 409-417.

[34] Davenport, A. G. How can we simplify and generalize wind loads? [J] Journal of Wind Engineer-

ing and Industrial Aerodynamics，1995，54-55：657-669.
[35] 王景全，陈政清．试析海上风机在强台风下叶片受损风险与对策——考察红海湾风电场的启示[J]．中国工程科学，2010，12（11）：32-34.
[36] 午铭．台风“杜鹃”的危害与思考［C]．中国科协 2004 年学术年会电力分会场暨中国电机工程学会 2004 年学术年会．海南，2004.

第 9 章　结构火灾典型案例介绍与简析

火在人类文明和社会发展过程中起到非常巨大的推动作用。但是，火失控发生火灾又会给人类带来巨大的生命和财产损失。火灾每年要夺走成千上万人的生命和健康，造成不可估量的财产损失。据统计，全世界每年火灾经济损失可达社会总产值的 0.2%。常见的火灾有建筑火灾、露天生产装置火灾、可燃材料堆场火灾、森林火灾、交通工具火灾等，其中建筑火灾发生频率最高，损失最大。

火灾，是指在时间或空间上失去控制的燃烧所造成的灾害。火灾发生的主要原因可归纳为三个方面：一是人的不安全行为（含放火）；二是物质的不安全状态；三是工艺技术的缺陷。火灾发展的过程也就是燃烧的过程。不论是固体、液体、气体的可燃物质发生燃烧，都必须有加热升温的过程。有的可燃性固体物质必须先熔化，再蒸发出可燃气体，然后氧化分解而燃烧；有的固体先要经过分解，蒸发成可燃气体后再着火。可燃性液体物质是直接蒸发成气体而氧化燃烧的。气体可燃物质则是直接氧化而燃烧。

火灾的发展过程一般要经过三个阶段，即初期增长阶段、全盛阶段和衰退阶段。各阶段的特点是：初期增长阶段火源面积小，燃烧强度弱，温度不高，烟雾量多，烟气流动慢，能见度降低。这一阶段是扑灭火灾的最佳时机。全盛阶段，这一阶段火灾进入全面而猛烈的燃烧状态，温度上升并达到最高，热辐射和热对流加剧，火焰可能从通风窗窜至室外。当室内大多数燃烧物烧尽，室内温度下降，火灾进入衰退阶段。此时，室内可燃物仅剩暗红色余烬及局部小火苗，温度保持在 200～300℃。当燃烧物烧尽，火灾趋于熄灭。

火灾的危害，人人深恶痛绝。然而，由于火灾的偶然性和用火的平凡性、广泛性，往往被一些人所忽视。而且，往往一把火使人们通过辛勤劳动创造的物质财富在瞬间化为灰烬，有时甚至还会夺去人的生命。因此，我们必须加强对火的控制，有效预防火灾发生，确保广大群众的生命和财产安全。我们的祖先也早已认识到了预防火灾的重要性。如"防为上，救次之，戒为下"这一名言，就充分说明了防与救的关系及防的重要性。"防患于未'燃'"已成为我国消防工作的一个基本原则。

下文将对不同结构类型的建筑或者构造物火灾事故概况和发生原因进行探讨和分析。

9.1　911 纽约世贸大楼

9.1.1　911 火灾事故概况

2001 年 9 月 11 日上午 8 时 45 分（美国东部时间），一架从波士顿飞往洛杉矶载有 92

位乘客的美国航空公司波音767型客机被恐怖分子劫持，以低空飞行并撞击世贸大厦的北部塔楼，这幢大楼马上起火，并被撞去一角。18分钟以后，一架从波士顿飞往洛杉矶载有65位乘客的联合航空公司波音757型飞机遭劫持，以极快的速度撞击了世贸大厦南楼的中上部。上午10时左右世贸大厦南楼突然发生了整体垂直坍塌，10时28分北塔楼也发生整体垂直坍塌。

9.1.2 世贸大厦结构概述

纽约世界贸易中心（World Trade Center，1973～2001年9月11日，简称世贸中心）原为美国纽约的地标之一，原址位于美国的纽约州纽约市曼哈顿岛西南端，西临哈德逊河，建设单位为纽约港务局，由日裔美国建筑师雅马萨奇（Minoru Yamasaki，山崎实）设计，建于1962年至1976年。占地6.5公顷，由两座110层（另有6层地下室）高411.5m的塔式摩天楼和4幢办公楼及一座旅馆组成，是美国纽约市最高、楼层最多的摩天大楼。摩天楼平面为正方形，每幢摩天楼面积46.6万m^2。

大楼于1966年开工，历时7年，1973年竣工（北塔在1972年，而南塔在1973年完工）。1995年对外开放，有“世界之窗”之称。整个工程耗资7亿美元，共包括7栋建筑物，主要是由两栋110层的塔楼（415.14m）组成，还有8层楼的海关大厦和豪华级玛里奥特饭店等。大楼采用钢框架筒中筒体系，其主楼呈双塔形，塔柱边宽63.5m，用钢87000t。楼的外围有密置的钢柱，其中第9层及以下承重外柱间距为3m，9层以上外柱间距为1m，标准层窗宽约0.55m。外钢柱与各层楼板组成巨大的无斜杆的空腹钢架，四个面合起来又构成巨大的带缝隙的钢制方形管筒；大楼的中心部分也是由钢管构成的内管筒，其中安设电梯、楼梯、设备管道和服务房间等，每座楼内设电梯108部。内外两个管筒形成了双管筒结构。在第44层和78层设有银行、邮局和公共食堂等服务设施。第107层是瞭望层，可通过两部自动扶梯到110层屋顶。地下一层为综合商场，地下2层为地铁车站，地下3层及以下为地下车库，可停放汽车2000辆。墙面由铝板和玻璃窗组成，建筑外表用铝板饰面，共计$2.04\times10^5m^2$，这些铝材足够供9000户住宅做外墙。

在世贸大厦竣工的1972年和1973年，这两座塔式摩天楼是全球最高的建筑，第1座417.24m，第2座415.41m，打破了纽约帝国大厦保持42年之久的世界最高建筑的纪录。纽约世贸大厦建于面积达$2.4\times10^4m^2$的填海地基上，其基础周围修建了一个长“澡盆”，以防止哈德逊河河水渗透。当时，其塔楼结构属“框架筒体系”中最知名的实例。框架筒将全部荷载传至基础。在楼顶，最大风力可能引起的摇摆为900mm，实测最大位移只有280mm。

9.1.3 世贸大厦倒塌破坏原因分析

世贸大厦倒塌缘于次生灾害火灾，而非由于客机的直接撞击和爆炸。世贸大厦在设计时曾考虑了抵抗飞机的撞击作用，但世贸大厦在遭受波音757和波音767撞击后仅仅一个多小时，两座塔楼先后倒塌，经分析，有以下三个原因（图9.1～图9.4）。

图 9.1 火灾前的纽约世贸大楼

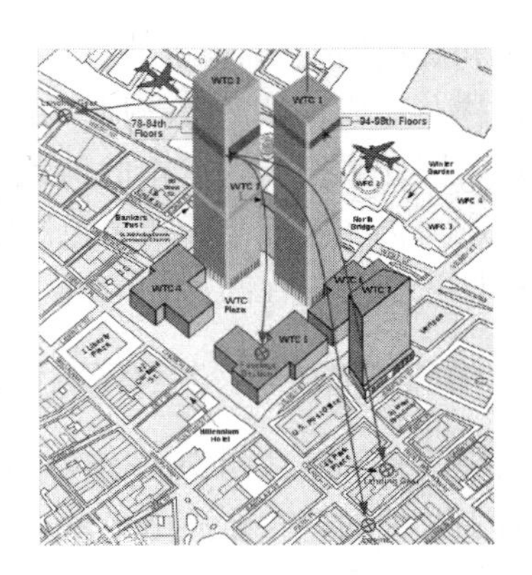

图 9.2 纽约世贸大楼事故分析

图 9.3 火灾中的纽约世贸大楼

图 9.4 火灾后的纽约世贸大楼

1. 飞机高速撞击导致了楼层破坏，并引起油箱爆炸，损坏支撑结构

撞击世贸大厦的波音飞机飞行速度可达 1000 km/h，满载时重量可达 200t，如此重物高速冲击大厦，可想而知大厦钢结构受到多么猛烈的冲击力。第 1 架飞机撞入北楼距顶楼 20 层左右处，大厦被撞去一角，形成一斜切口；南楼被撞位置处于大厦的中上部距顶楼 30 层左右处，飞机超低空飞行，以极快的飞行速度从大厦一侧钻入。

由于猛烈撞击挤压飞机油箱，造成航空燃油的扩散与燃烧爆炸，在爆炸所产生的强大冲击波和高速抛射的飞机结构的碎片作用下，塔楼结构受到进一步的损伤破坏，飞机碎片侵入钢柱，造成钢柱严重破损。在撞击与爆炸过程中估计约 1/6～1/4 的支撑结构遭到严重破坏，因此未损结构承担的荷载将增加约 20%。考虑到结构的设计安全系数，爆炸后结构的应力仍在极限承载能力范围之内。与此同时，撞击和爆炸造成钢构件的保护层被突破，构件完全暴露在随后的大火中。

2. 燃油扩散燃烧，软化了主体结构，导致顶部塌落

从美国东部飞往西部的远程航班波音 757 和波音 767 飞机分别可载约 35t 和 51t 燃油，起飞后不久被劫持改航撞击世贸大厦，机上燃油消耗很少，几乎是满载着航空燃油撞击世贸大厦。撞击后，燃油四处燃烧，引起大火。

由钢材不同温度时的应力-应变曲线可知，一旦发生火灾，结构温度达到 400℃左右时，钢结构开始软化，强度逐渐下降，当达到 1000℃左右时，强度几乎为零，钢结构丧失承载能力。世贸大楼被撞击后，由于油箱的强力爆炸，造成飞机航空燃油及大厦内部的可燃物猛烈燃烧，大火温度高达近 1200℃。高温造成钢结构软化，导致撞击层钢结构无法承担上部竖向荷载，于是在撞击层以上的各楼层尚未破坏之前，整体突然塌落。

飞机爆炸后，泄露的燃油将扩散至下部楼层，使燃烧向下部楼层蔓延。同时爆炸燃烧中心产生的高温也会传导至下部结构。两者均会引起撞击层以下钢结构温度上升，造成结构软化，承载能力下降。根据防火设计规范可以粗略计算塔楼撞击处钢结构的临界温度。如果结构设计的安全系数为 2.0，在部分结构丧失承载力的情况下，结构高温时的实际承载极限约为常温下材料强度的 40%，相对应结构失稳时的临界温度约为 550℃。对于处于爆炸燃烧中心的钢结构而言，燃烧一段时间后即可以达到临界温度。

3. 顶部突然塌落引起了连锁坍塌，导致整体破坏

110 层的世贸大厦在距楼顶 20 层被炸出个斜切口，引起高温大火，上部的支撑钢架被熔化，导致了上部楼层的坍塌，因此顶部基本上保持着一个整体以冲击载荷的形式突然塌落。而下部结构在高温作用下，材料强度已经变低，在上部楼层的钢筋与水泥巨大重量的压挤下，荷载往下逐层传递并逐渐累加，引起了连锁坍塌。当撞击层以上楼层塌落后，将会以冲击载荷的形式作用于下部结构。由于荷载变大而结构强度变小，造成结构破坏。随着塌落楼层的增加，冲击载荷越来越大，导致下部结构连续破坏，形成了“多米诺骨牌效应”，所以整座建筑物倒塌时是一层一层、一顿一顿地往下坠，形成了一个非常令人震惊的景象。

9.2　央视新址大楼

9.2.1　火灾事故概况

2009 年 2 月 9 日晚 21 时许，在建的央视新台址园区文化中心发生特大火灾事故，大火持续6小时，火灾由烟花引起。在救援过程中消防队员张建勇牺牲，6名消防队员和2名施工人员受伤。建筑物过火、过烟面积达21333m^2，其中过火面积8490m^2，造成直接经济损失16383万元。

中央电视台新址园区在建附属文化中心大楼，位于北京市朝阳区光华路36号。该建筑地上30层地下3层，高159m，建筑面积10.3万m^2，主体结构为钢筋混凝土结构。该建筑分为演播大厅、数字化处理机房和北京文华东方酒店三部分。火灾发生前建筑处于装修阶段，内部消防设施尚不完善。

此起火灾系一起超高层建筑外墙装饰材料立体燃烧、逆向蔓延迅速的特殊火灾，在国内外此案例尚属罕见，其特点：一是建筑物结构特殊。该建筑是一栋规模庞大的超高层、外形为“靴”状的异形建筑，设有中庭，每层都是马蹄形走廊；建筑内部通道曲折，竖向管井多，布局复杂，房间及楼道堆放有家具等可燃物。二是建筑外墙装饰材料特殊。该楼南北侧为玻璃幕墙、东西立面为钛锌板装饰材料。钛锌板是新型进口装饰材料，熔点仅为418摄氏度。钛锌板下层为聚氨酯泡沫、挤塑板等可燃保温材料。大火使钛锌板受热融化流淌，保温材料受热大面积燃烧，产生大量有毒烟气。三是火灾蔓延方式特殊。此起火灾起火部位位于大楼顶部西侧中间位置，火势自上而下、由外而内迅速逆向蔓延，燃烧速度之快、蔓延方式之特殊，在国内尚不多见。四是报警时间晚。大楼20时开始燃放礼花弹，大约10分钟后楼顶端就开始冒烟，但到了20时27分，119才接到报警，消防队到场时，已形成猛烈燃烧，在一定程度上失去了控制火势的最佳时机（图9.5～图9.7）。

图9.5 央视大楼北配楼设计效果和施工竣工前效果

图9.6 火灾中的央视大楼北配楼

图 9.7　过火后央视大楼北配楼

9.2.2　火灾事故原因分析

1. 直接原因

央视新址办违反烟花爆竹安全管理相关规定，未经有关部门许可，在施工工地内违法组织大型礼花焰火燃放活动，在安全距离明显不足的情况下，礼花弹爆炸后的高温星体落入文化中心主体建筑顶部擦窗机检修孔内，引燃检修通道内壁裸露的易燃材料引发火灾。

2. 间接原因

央视新址办违法组织燃放烟花爆竹，对文化中心幕墙工程中使用不合格保温板问题监督管理不力。中央电视台对央视新址办工作管理松弛。

有关施工单位违规配合建设单位违法燃放烟花爆竹，在文化中心幕墙工程中使用大量不合格保温板。

有关监理单位对违法燃放烟花爆竹和违规采购、使用不合格保温板问题监理不力。

有关材料生产厂家违规生产、销售不合格保温板。

有关单位非法销售、运输、储存和燃放烟花爆竹。

相关监管部门贯彻落实国家安全生产等法律法规不到位，对非法销售、运输、储存和燃放烟花爆竹，以及文化中心幕墙工程中使用不合格保温板问题监管不力。

9.3　济南奥体中心

9.3.1　场馆与火灾事故概述

济南奥林匹克体育中心系第十一届全国运动会主会场，共占地 8 公顷（1215 亩），建筑面积 35 万 m^2，规划设计总体呈“三足鼎立”、“东荷西柳”布局，基本格局是东三馆、西三场。东三馆即：一万人体育馆、四千人游泳馆、四千人网球馆；西三场即：六万人体育场、一片室外足球场、一片田训练场。东、西两个场馆片区之间由 20000m^2 的商业用房和 34000m^2 的地下停车场连接。在东三馆片区还建有 14 片网球室外场地、16 片室外篮球场地和一个篮球热身馆。

发生火灾事故的是被称作“东荷”的一万人体育馆，总建筑面积约 6.0456 万 m^2，概算总投资 4.86 亿元，2007 年 3 月 21 日开工建设，于 2009 年上半年竣工，工程总承包单位为北京城建集团有限责任公司，监理单位为浙江江南工程管理股份有限公司，项目管理单位为山东营特建设项目管理有限公司。体育馆主体为一栋六层圆形建筑，总观众席 12226 座，首层为椭圆形，南北两端为一层扇形训练馆和热身馆；体育馆下方为土建部分，由看台、比赛场地、出口等组成；上方为钢结构屋顶，外层由许多折板连接组成，整体形似济南的市花荷花。体育馆采取了新颖的规划理念，设计了一流的功能设施，采用了大量的新技术新工艺。

2008 年 11 月 11 日 11 时 30 分许，济南奥体中心体育馆屋顶东南侧发生火灾，过火面积 1284m^2，土建工程当时已完成 95%，安装工程完成 90%，装饰工程完成 60%（图 9.8～图 9.9）。火灾发生后，济南市政府立即成立事故调查组，经现场勘验和调查，初步认定火灾原因为：施工人员在屋面天沟防水工程施工时，使用汽油喷灯热熔防水卷材，高温火焰引燃可燃物。这一事故充分暴露了建筑施工安全生产管理工作中存在严重问题。

图 9.8 济南奥体中心体育馆设计效果和施工竣工前效果

图 9.9 火灾中的济南奥体中心体育馆

9.3.2 “东荷”火灾事故总结

济南奥体中心曾发生两期比较严重的火灾，分别为 2008 年 7 月 27 日，“东荷”发生火灾，过火面积达 3000m^2，未造成人员伤亡，事后调查起火原因系电焊工违规操作，电焊引燃屋面保温和防水材料。另一次为 2008 年 11 月 11 日，仍然是“东荷”发生火灾，过火面积大于 1000m^2，未造成人员伤亡，起火原因仍为违规操作所致，即施工人员违章使用汽油喷灯热熔防水卷材，喷灯高温火焰引燃可燃物，造成火灾。两次事故表面原因是电焊工的违规操作，其更深层次的原因是施工单位以及监理单位的工作不认真。这是一起典型的施工人员违章作业、监理人员失位、施工单位管理不到位造成的责任事故，充分暴露了建筑施工安全生产管理工作中存在严重问题。

9.4　上海市某教师公寓

9.4.1　火灾事故概况

2010 年 11 月 15 日 14 时，上海一栋高层公寓起火。公寓为框架结构，公寓内住户多为教师，其中不少退休教师。公寓 1998 年 1 月建成，共 28 层，建筑面积 17965m²，其中底层为商场，2～4 层为办公，5～28 层为住宅，建筑高度 85m。起火点位于 10～12 层之间，随后整栋楼都被大火包围，引发火灾，造成 58 人死亡、71 人受伤，建筑物过火面积 12000m²，直接经济损失 1.58 亿元，是一起特大的火灾事故（图 9.10～图 9.11）。

事故发生期间，该公寓正在进行节能墙体保温改造工程。主要进行外立面搭设脚手架、外墙喷涂聚氨酯硬泡体保温材料、更换外窗等。

图 9.10　火灾中的教师公寓

图 9.11　火灾后的教师公寓

9.4.2　火灾事故原因分析

1. 事故模型描述

经过事故现场勘察、查取有关资料、模拟实验及认真讨论分析得出了事故发展概况：

2010 年 11 月 15 日，该教师公寓正在进行外墙整体节能保温改造。约在 14 时 14 分，大楼中部发生火灾，随后火灾外部通过引燃楼梯表面的尼龙防护网和脚手架上的毛竹片，内部在烟囱效应的作用下迅速蔓延，最终包围并烧毁了整栋大厦。消防部门全力进行救援，火灾持续了 4 个小时 15 分，至 18 点 30 分大火基本被扑灭。

事故模型如图 9.12 所示。

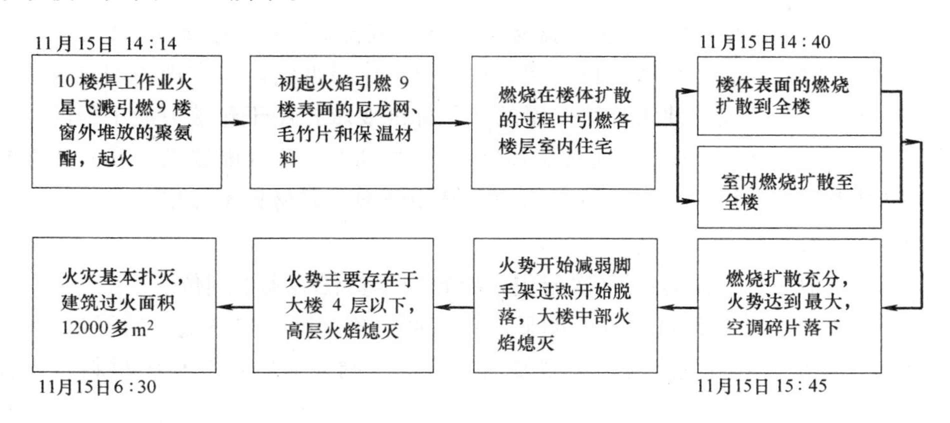

图 9.12 上海 11.15 教师公寓特大火灾事故模型

2. 起火原因分析

通过调查大楼的装修内容可知，大楼的建筑外墙保温采用的是硬泡聚氨酯喷涂薄抹灰结合 EPS 板薄抹灰保温系统，硬泡聚氨酯喷涂薄抹灰系统主要用于大楼主体，EPS 板薄抹灰系统用于建筑阳角和窗口部位。分析当时的情况确定起火部位为 8 至 12 层窗外，再结合室外脚手架受热损坏的程度为 9 层最重，确定可能的起火部位为 9 层的脚手架附近。

根据 9 层脚手架上留下的碳的痕迹确定脚手架上有木质物品存在，根据证人证言确认了脚手架上毛竹片的存在，并得知大楼整体均被尼龙防护网覆盖。由责任人证言火势发展迅速和密集火源的存在可确定首先被引燃的物质为燃烧迅速、量大且集中的物质，结合当时脚手架上存在聚氨酯物质分析可知首先燃烧的物质为聚氨酯。最终根据实验确定，起火点为 9 层窗外脚手架上的聚氨酯硬泡，起火原因为 10 层正工作的焊工产生的焊渣。

事故再现：2010 年 11 月 18 日 14 时 14 分，4 名无证焊工在 10 层电梯前北窗外进行违章电焊作业，由于未采取保护措施，电焊溅落的金属熔融物引燃下方 9 层位置脚手架防护平台上堆积的聚氨酯硬泡保温材料碎块，聚氨酯迅速燃烧形成密集火灾，由于未设现场消防措施，4 人不能将初期火灾扑灭，并逃跑。燃烧的聚氨酯引燃了楼体 9 层附近表面覆盖的尼龙防护网和脚手架上的毛竹片。由于尼龙防护网是全楼相连的一个整体，火势便由此开始以 9 层为中心蔓延，尼龙防护网的燃烧引燃了脚手架上的毛竹片，同时引燃了各层室内的窗帘、家具、煤气管道的残余气体等易燃物质，造成火势的急速扩大，并于 15 时 45 分火势达到最大。在消防队的救援下这种火势持续了 55 分钟，火势于 16 时 40 分开始减弱，火灾重点部位主要转移到了 5 层以下。中高层可燃物减少，火势急速减弱。在消防员的不懈努力下，火灾于 18 时 30 分被基本扑灭。随后消防员进入楼内扑灭残火和抢救人员。

（1）直接原因

① 焊接人员无证上岗，且违规操作，同时未采取有效防护措施，导致焊接熔化物溅到楼下不远处的聚氨酯硬泡保温材料上，聚氨酯硬泡迅速燃烧，引燃楼体表面可燃物，大火迅速蔓延至整栋大楼。

② 工程中所采用的聚氨酯硬泡保温材料不合格或部分不合格。硬泡聚氨酯是新一代的建筑节能保温材料，导热系数是目前建筑保温材料中最低的，是实现我国建筑节能目标的理想保温材料。按照我国建筑外墙保温的相关标准要求，用于建筑节能工程的保温材料的燃烧性能要求是不低于 B2 级。而按照标准，B2 级别的燃烧性能要求应具有的性能之一就是不能被焊渣引燃。很明显，该被引燃的聚氨酯硬泡保温材料不合格。

（2）间接原因

① 装修工程违法违规，层层多次分包，导致安全责任落实不到位。

② 施工作业现场管理混乱，存在明显的抢工期、抢进度、突击施工的行为。

③ 事故现场安全措施不落实，违规使用大量尼龙网、毛竹片等易燃材料，导致大火迅速蔓延。

④ 监理单位、施工单位、建设单位存在隶属或者利害关系。

⑤ 有关部门监管不力，导致以上四种情况“多次分包多家作业、现场管理混乱、事故现场违规选用材料、建设主体单位存在利害关系”的出现。

9.5　长春市某单层厂房结构

9.5.1　火灾事故概况

1. 火灾概况

2013 年 6 月 3 日 6 时 10 分许，位于吉林省长春市某公司主厂房发生特别重大火灾爆炸事故，共造成 121 人死亡、76 人受伤，17234m² 主厂房及主厂房内生产设备被损毁，直接经济损失 1.82 亿元（图 9.13、图 9.14）。

图 9.13　火灾中的某单层厂房

图 9.14　火灾后的某单层工业厂房

2. 主厂房建筑概况

主厂房内共有南、中、北三条贯穿东西的主通道，将主厂房划分为四个区域，由北向南依次为冷库、速冻车间、主车间（东侧为一车间、西侧为二车间、中部为预冷池）和附属区（更衣室、卫生间、办公室、配电室、机修车间和化验室等）。

主厂房结构为单层门式轻钢框架，屋顶结构为工字钢梁上铺压型板，内表面喷涂聚氨酯泡沫作为保温材料（依据现场取样，材料燃烧性能经鉴定，氧指数为 22.9%～23.4%）。屋顶下设吊顶，材质为金属面聚苯乙烯夹芯板（依据现场取样，材料燃烧性能经鉴定，氧指数为 33%），吊顶至屋顶高度为 2～3m 不等。

主厂房外墙 1m 以下为砖墙，以上南侧为金属面聚苯乙烯夹芯板，其他为金属面岩棉夹芯板。冷库与速冻车间部分采用实体墙分隔，冷库墙体及其屋面内表面喷涂聚氨酯泡沫作为保温材料（依据现场取样，材料燃烧性能经鉴定，氧指数为 23.8%），附属区为金属面聚苯乙烯夹芯板，其余区域 2m 以下为砖墙，以上为金属面岩棉夹芯板。钢柱 4m 以下部分采用钢丝网抹水泥层保护。

主厂房屋顶在设计中采用岩棉（不燃材料，A 级）作保温材料，但实际使用聚氨酯泡沫（燃烧性能为 B3 级），不符合《建筑设计防火规范》GB 50016—2006 不低于 B2 级的规定；冷库屋顶及墙体使用聚氨酯泡沫作为保温材料（燃烧性能为 B3 级），不符合《冷库设计规范》GB 50072—2001 不低于 B1 级的规定。

3. 主厂房消防概况

主厂房火灾危险性类别为丁戊类，建筑耐火等级为二级，主厂房为一个防火分区，符合《建筑设计防火规范》的相关规定。

主厂房主通道东西两侧各设一个安全出口，冷库北侧设置 5 个安全出口直通室外，附属区南侧外墙设置 4 个安全出口直通室外，二车间西侧外墙设置一个安全出口直通室外。安全出口设置符合《建筑设计防火规范》的相关规定。事故发生时，南部主通道西侧安全出口和二车间西侧直通室外的安全出口被锁闭，其余安全出口处于正常状态。

主厂房设有室内外消防供水管网和消火栓，主厂房内设有事故应急照明灯、安全出口指示标志和灭火器。企业设有消防泵房和 1500m^2 消防水池，并设有消防备用电源，符合《建筑设计防火规范》的相关规定。

9.5.2　火灾事故原因分析

1. 直接原因

该公司主厂房一车间女更衣室西面和毗连的二车间配电室的上部电气线路短路，引燃周围可燃物。当火势蔓延到氨设备和氨管道区域，燃烧产生的高温导致氨设备和氨管道发生物理爆炸，大量氨气泄漏，介入了燃烧。

造成火势迅速蔓延的主要原因：一是主厂房内大量使用聚氨酯泡沫保温材料和聚苯乙烯夹芯板（聚氨酯泡沫燃点低、燃烧速度极快，聚苯乙烯夹芯板燃烧的滴落物具有引燃性）；二是一车间女更衣室等附属区房间内的衣柜、衣物、办公用具等可燃物较多，且与人员密集的主车间用聚苯乙烯夹芯板分隔；三是吊顶内的空间大部分连通，火灾发生后，火势由南向北迅速蔓延；四是当火势蔓延到氨设备和氨管道区域，燃烧产生的高温导致氨设备和氨管道发生物理爆炸，大量氨气泄漏，介入了燃烧。

2. 间接原因

该公司安全生产主体责任根本不落实。企业出资人即法定代表人没有以人为本、安全第一的意识，严重违反党的安全生产方针和安全生产法律法规，重生产、重产值、重利益。企业厂房建设过程中，为了达到少花钱的目的，未按照原设计施工，违规将保温材料由不燃的岩棉换成易燃的聚氨酯泡沫，导致起火后火势迅速蔓延，产生大量有毒气体，造成大量人员伤亡。

公安消防部门履行消防监督管理职责不力。派出所未能认真履行负责全镇消防安全监管工作的职责，对劳动密集型生产加工企业等人员密集场所监督检查不力，疏于日常消防安全监管，未对该公司进行实地检查，未及时发现其存在的重大事故隐患并下达《整改通知书》督促整改。德惠市公安消防大队违规将该公司申请消防设计审核作为备案抽查项目，在没有进行消防设计审核、消防验收的前提下，违法出具《建设工程消防验收合格意见书》；对 2010 年宝源丰公司多次发生的火灾事故没有认真严肃地查处，致使该企业没有认真吸取事故教训，加强消防安全工作和对重大事故隐患进行整改消除。

建设部门在工程项目建设中监管严重缺失。当地建设分局监管人员没有执法资格证件，责任心不强、监管水平低。工作严重失职，放松安全质量监管甚至根本不监管；对该公司项目工程建设各方责任主体资格审查不严，未能发现和解决该公司项目建设设计、施工、监理挂靠或借用资质等问题；在工程建设中，未能发现并查处宝源丰公司擅自更改建筑设计、更换阻燃材料等问题。

9.6　美国加利福尼亚州某桥梁结构

2014 年 5 月 6 日晨，美国加利福尼亚州 Herperia15 号洲际公路上方一正在施工的立交桥发生火灾。致足球场大小的桥面坍塌，掉落至下方的洲际公路上，引发交通拥堵（图 9.15～图 9.16）。消防人员通宵灭火。据估计，这场大火造成的损失多达 3200 万美元（约合人民币 2 亿元）。

据推测，一名建筑工人使用喷灯时意外引燃木头，火借风势，火势迅速蔓延，大桥木质支架开始燃烧。在15分钟内，碎片开始从桥上落下，最终这座价值3200万美元的大桥化为一堆灰烬和废铁。赶往现场的消防人员彻夜灭火，并封锁了公路，引发交通拥堵，由北向南的车龙长达9公里，而由南向北的堵车长龙达30公里。据悉，当时火势蔓延很快，许多建筑工人都在施工，完全没有意识到不远处起火。幸运的是，没有人在大火和桥梁坍塌过程中受伤，只有一人因吸入烟气而被送往医院。当地政府官员通知司机绕路。

起火的大桥已经建设约一年半，跨坐在15号洲际公路上。15号洲际公路是联通洛杉矶（LosAngeles）与拉斯维加斯（LasVegas）的主公路。仅仅数分钟，整座大桥就在大火中坍塌坠地。

图9.15　火灾中的立交桥

图9.16　火灾后的立交桥

9.7　圣哥达隧道

9.7.1　隧道概况

圣哥达隧道，世界著名隧道之一，在瑞士中南部艾罗洛附近列邦丁阿尔卑斯山中。山口海拔2112m，自古为中、南欧交通要道。铁路隧道建在海拔1100m处，长14.9公里，建于1872～1882年，从瑞士北方重镇巴塞尔可直达意大利边境的基亚索，在国际交通上有很大作用。1968年起，瑞士、意大利合建公路隧道，长16.3公里，80年代初竣工，是世界第二长的公路隧道。

圣哥达隧道是瑞士2号高速公路的一部分。这条高速公路从瑞士北部巴塞尔通到意大利边境上的基亚索。隧道只有一根管道，向两方向运行的车辆在同一根管道中运行，每个方向只有一股道，管道内限速80km/h（图9.17～图9.18）。隧道内必须保持150m车距。圣哥达隧道的通车量非常高，隧道两端往往堵车。相反的，另一条在格劳宾登州的穿越阿尔卑斯山的隧道，圣贝纳迪诺公路隧道比圣哥达隧道短和车辆少，但要用的总时间比使用圣哥达隧道长。圣哥达隧道的安全性令人感到担心，因为它只有一个管道，而每个方向又只有一股道，其安全性比多管道多股的隧道要差。

9.7.2　隧道火灾事故概述

2010年10月24日上午9时45分，在瑞士圣哥达隧道中，2辆卡车在距圣哥达隧道

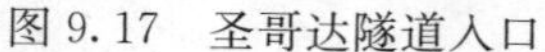
图 9.17　圣哥达隧道入口

图 9.18　圣哥达隧道内景

南端出口约 1.5 公里处发生对撞引发大火并产生大量浓烟。火灾现场温度超过 1000℃，由于温度极高，消防车无法驶入实施扑救。直到火灾发生近 24 小时后才得以进入。火灾产生的高温将车辆熔成一堆废铁并造成约 300m 长隧道拱顶坍塌（图 9.19）。

图 9.19　火灾中的圣哥达隧道

火灾发生时，许多驾驶员将车辆掉头并迅速驶离隧道，同时一些卡车及游览车也退后至隧道外。其他人员则经逃生通道疏散至安全处，此次火灾共造成 11 人死亡，除 2 位肇事卡车司机外，其余罹难者被发现在车内以及避难区附近，遭浓烟及毒气窒息死亡。

自 1999 年勃朗峰隧道关闭后，圣哥达隧道日交通量大增，此次火灾事故使得圣哥达隧道被迫关闭因而中断了意大利至北欧地区的主要联络道路，该隧道于 2001 年 12 月 21 日重新启用，关闭时间近 2 个月。

9.7.3　火灾事故分析和反思

此次火灾事故促使多位欧洲道路专家要求对欧洲隧道进行安全改善，并指出单洞双向公路隧道容易发生对向行驶车辆相撞事故而导致类似不幸惨剧。联合国欧洲经济委员会提出的建议包括：重型货车使用较小的油箱，装载较少的燃油，并配备灭火器；提高公路隧道使用者的应变意识；对重型货车实施路检，超过 1000m 长的隧道应设置专职安全人员；重型货车的行车间距应予以管制。

参 考 文 献

[1]　中原. 世贸大楼倒塌大火是元凶 [N]. 金陵晚报，2002. 03. 30.

[2] 张毓强，张琳玲. 世贸中心轶事 [J]. 世界知识，2001，(19)：36-37.
[3] 李国强，蒋首超，林桂祥. 钢结构抗火计算与设计 [M]. 北京：中国建筑工业出版社，1999.
[4] 周胤德，忻元发，张世忠. 由近年国际重大公路长隧道事故检讨隧道安全设施 [J]. 岩土力学与工程学报，2004，23 (S2)：4882-4887.
[5] 火灾分类 GB/T 4968—2008 [S]. 中华人民共和国国家标准. 北京：中国标准出版社，2008.
[6] 中国新闻网. 吉林宝源丰大火调查报告公布 [N]. 2013.
[7] 百度文库. 上海 11. 15 教师公寓特大火灾事故调查 [R]. 2010.
[8] 生产安全事故报告和调查处理条例（国务院令第 493 号）[S]. 2007.
[9] 王岩，孟庆波. 浅谈济南奥体中心火灾及钢结构的利弊 [J]. 科技信息，2009，(04)：270-271.
[10] 魏捍东，张智. 从央视大火探讨超高层建筑灭火对策 [J]. 消防科学与技术，2010，(07).
[11] 到底是谁“点燃”了央视大火？[N]. 21 世纪经济报道，2010.
[12] 翟传明，傅学怡. 济南奥体中心体育馆火灾后检测鉴定 [J]. 建筑结构，2009，(07)：119-121.